文艺女王

养成手册

嘉倩 著

文艺女王养成手册

目录

CONTENTS

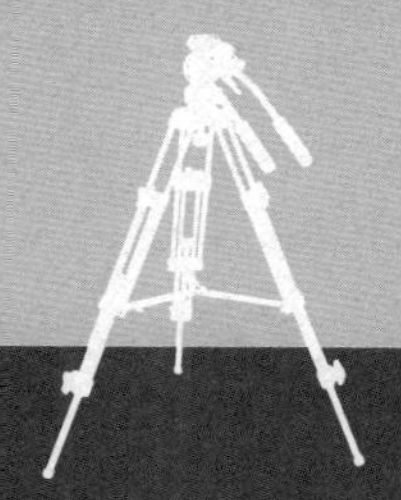

1 … 第 I 章 拍照前的准备

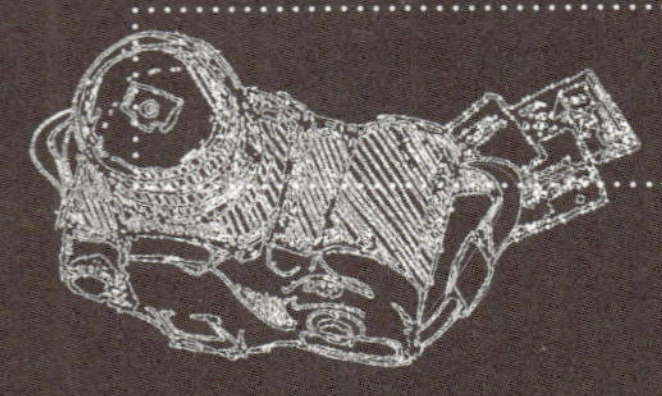

目

CONTENTS

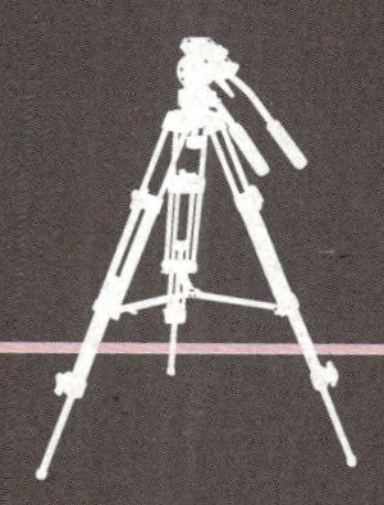

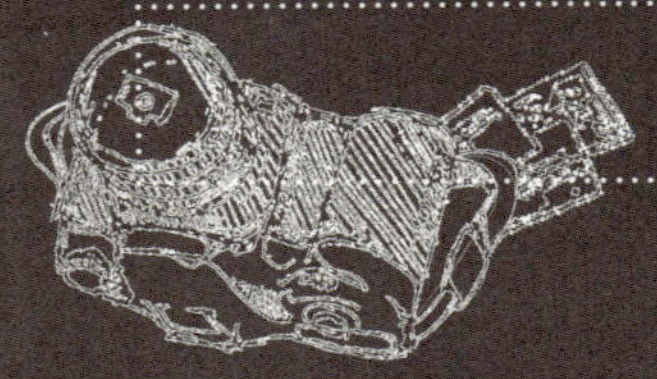

目录

CONTENTS

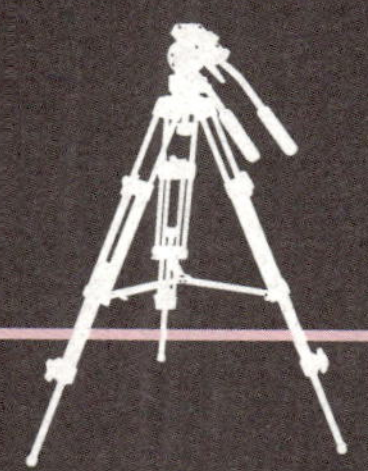

如果生命的本质是一段旅行。
我们在这颗星球到此一游，终将告别。
那么，至少，
不要成为自己生活的游客，
不要辜负能睁开眼的每一天。

找一件身边力所能及的小事，
尝试它，
做好它，
重复它，
沉沦它，
享受它。

少一些游客的旁观和评论，
多一点脚踏实地的努力和专注。

用力活，好好活。
爱你所做，做你所爱。

哪怕只是自拍，
哪怕只是写日记，
哪怕只是和陌生人聊天。

开口说伟大想法，
说美好梦想，
嘲讽别人做得不够好，
有嘴巴的人，都能说。

能把生活过好，
能把事情耐心重复做，
这样的人，是自己生命的居民。
这样的人，是自己故事的创作者。

为什么要自拍?

所有的一切，从一个现实的问题开始：

长得丑，如何拍出好看的照片？

长得好看，又何必困扰于这个问题，随意一拍，自然都是美的。

换言之，不好看的人，就不能拥有好看的照片了吗？

提及自拍，相信大部分人的第一印象，莫过于单手举起手机，脸对着屏幕，故意压低下巴，瞪大无辜的双眼，“咔嚓”一下，这世间又多了一张大头照。

然而，本书中所介绍的自拍秘诀，与传统意义上的自拍相去甚远。

学会用不一样的角度看风景，拿着照相机来到陌生城市，或者在自己所熟悉的城市里旅行。拥有一部单反，一个三脚架，生活变得不一样了，训练看见美丽的能力，发现生活的细微所在。

自拍，另一种找到自信的方式，另一种记录生活的可能。

端详自己的模样，每一个角度，重新发现自我。

为什么要自拍?

◇ 因为不是随时随地都有人帮你拍照；

◇ 因为不是随时随地都有一个能把你拍得好看的人；

◇ 因为长得丑，没人帮我们拍照，只好自力更生，自强不息，自拍娱乐；

◇ 因为记忆力差，怕老了忘记年轻时候的模样，无从回忆；

◇ 因为想知道别人看到的我是什么样子的；

◇ 因为脑海里有太多幻想的美好画面，有一股实现它们的冲动；

◇因为资金有限，请不起专业的摄影师；

◇ 因为面对三脚架才会感到轻松自在；

◇ 因为……

◇ 我有一部相机，一个三脚架！

自拍，当我站在镜头前，成为主角的这一刻，再也不是任何人的背景画面，再也不是无关紧要的跑龙套。所有的照片，不需要与人分享，只为了让自己快乐，只为了纪念此刻的年轻美好。这一切最终会失去，不如留存多一些画面，多一些感动。

用三脚架和专业单反为自己拍照，本身不是一件奇怪的事，只不过做这件事的人太少，于是这些人成为了稀有动物，譬如作者本人。

我以此为个人爱好，接近七年，随身背包内，必定携带三脚架与单反。

经常被人好奇地问："世界各地奔波，究竟是谁一直在为你拍照？"

好吧，我的大部分照片都是自拍的，仅使用单反和三脚架。

不过，我不以摄影为生，从未冠名为摄影师，更无心走上摄影路途，仅仅作为生活中"自由而无用"的兴趣，陶冶情操，享受其中。

我的正业为作家，作家的天赋之一是灵敏的感知力，发现日常生活中的细腻情绪，通过文字表达，感染读者。因此，谈及自拍，重温七年以来的路途，挖掘出那些不为人知的拍照技巧。

我不希望出一本摄影写真集，也不希望出一本摄影指南工具书。

我只是热爱拍照，希望借着这样一本书，传递热情。毕竟自拍是一种心情，是一种感受。同时，希望分享这七年以来使用三脚架和单反自拍的经验，帮助更多非专业人士摆脱对镜头的恐惧，我们不是模特，摄影零基础，但是同样能拍出好看的照片。

在本书中，不教后期，不教摄影专业课程，因此，没有艰涩难懂的术语。

我会告诉你：

◇ 怎样的器材是合适的？

◇ 如何摆脱站在镜头前的恐惧感？

◇ 如何笑容自然?

◇ 如何安放尴尬的四肢?

◇ 如何酝酿拍照的情绪?

◇ 如何熏陶对于摄影的热情?

◇ 如果独自去一个地方，突然很想拍照怎么办?

◇ 无论如何，总是在别人镜头前不好看怎么办?

本书写给：

◆ 站在相机前，不知所措的人

◆ 手机自拍成瘾，已经无法满足的人

◆ 独自旅行的人

◆ 想约片，可是没有钱的人

◆ 希望随时随地记录美好生活的人

◆ 暂时没有男朋友的姑娘们

◆ 有男朋友，可惜对方缺乏摄影天赋的姑娘们

◆ 男朋友正学习如何拍美照，同时，还有 Plan B 的姑娘们

◆ 被男朋友吐槽没有镜头感，从此奋发图强的姑娘们

◆ 渴望拍好看的照片但是偷偷学习不愿被人知道的男生朋友们

所谓文艺，如此定义：

拥抱生活，却不沉沦其中，保持自我意识。

当我开始谈文艺的时候，为什么谈自拍

台风过境，上海下着暴雨。倾盆大雨与地面亲吻，猛烈的风吹来，茂密的枝叶彼此摩擦，发出一阵阵类似食物下油锅时的幸福声响。九月即将到来，远方的冰岛，黑夜变得漫长，阴云密布，大海呼啸，投入冬天的怀抱。

借着冰岛采访工作的间隙，回到家，用一个月的时间阅读中文书，与友人聊天叙旧，闲余时间，几乎都在书桌前，书写这一本关于“自拍”的书。整理这些年为自己拍摄的照片，如同一场盛大的追思悼念，数以万计的昔日模样，随着轻点鼠标的声响，逐一过目。

最近销声匿迹，正忙些什么，新的采访稿吗？

每每被人问起，无从回答，尝试过坦荡荡地说，在写一本以“自拍”为主题的书，分享这些年扛着三脚架与单反，辗转各地生活时，如何使用影像记录时光的经验。听罢，对方往往瞠目结舌。思考片刻，热心者劝诫，“自拍”并不是一件值得大写特写的文学体裁，况且，作家中，以摄影为陶冶情操的爱好者不少，但是为自己拍照，以此为长期兴趣，并以“自拍”为主题著书者，从古至今似乎未曾有过。

画作、雕塑、音乐、电影、美食，皆可在欣赏之后，将内心感受娓娓道来，因此，我不认为“自拍”不可为之。

两年前，娜娜与我约稿。她曾是我第一本书的编辑，后来离职，另觅他处。

她约我写一本关于文艺青年的生活态度的书，我爽快应允。不料，在这期间，不断发生插曲，一直搁置至今，我万分感激她的耐心，尤其记得，娜娜告诉我，在出书理念上，她个人十分赞许所供职的出版社的理念，为做一本好书，能够等待，也愿意剑走偏锋，但凡是好内容，可将市场考量放于第二位。

如果是两年前，这本书应该完全是另一副模样。

可能是一篇篇随笔，罗列阅读的好处，以及如何提升内心的修养；介绍经典老电影，沉浸在别人的故事里变得细腻；推荐古今中外的音乐，熏陶灵魂的情绪。

我想，所有人固然已知的事实，即阅读、看电影、听音乐，以及看画展、看话剧、品酒、烹饪，等等，这一切文艺活动，都是有助于一个人的心灵成长的。面对这毫无疑问的真理，再絮絮叨叨一番，世上从此又多了一本随笔集。对于那些原本热爱逛书店，会挑书，会遇到这样一本书的人，他们怎么会需要这样一本告诉文艺青年的路该如何走的书。

我也曾经设想，套着文艺青年的封皮，内容其实是书评。列一张清单，推荐阅读的 100 本书，作为文艺青年的启蒙书。列出的那些书，必定是我曾阅读三遍以上，必定是经过时间考验的。

最终促成我朝着一个看似相反的思路，越走越远，其中最主要的原因，我发现，**大部分时候我们在谈的文艺，其实只是某个人在某个时刻的某种姿态。**看王家卫的电影，模仿金城武跑步，借用汗水替代眼泪；背诵梁朝伟的台词，为过期凤梨罐头而感伤；闷热的夏日午后，手捧杜拉斯，回忆张爱玲，约会毛姆；听黑胶唱片，做一杯咖啡，轻咬一口刚出炉的玛德琳蛋糕……

然而，文艺是一种生活状态，文艺是飘散在日常琐碎中的清新空气。

我们通过反复做一件事，可以是任何一件事，琢磨思索，找到其中的奥秘，发掘核心的哲学，通用于万物的道理。我们并没有因为反复做一件事而变得麻木不仁，相反的，通过自省，越做越好，越来越了解自我，灵魂跟上了匆忙赶路的疲惫肉体。

从这个概念来说，动物园里的猛兽驯养师，绿茵场上的运动健将，但凡内心丰盛，愿意深入思考所处的生活，夜深人静时仍然留存一份真性情的人，都可以被“文艺”所形容。

至于是否曾读万卷书，是否曾走万里路，是否精通绘画、插花、弹吉他，这些只是姿态上的文艺，或者，帮助文艺者更为文艺的工具。

我希望能够为此书找到一个主题，帮助那些无法借助日常生活获得文艺气息的人。

这些人可能未必在职业中得到所期许的心灵成长，未必有时间进行大量阅读，未必有金钱走入电影院，在无所事事的闲暇时光，我希望能提供一件事，一件我擅长并且有发言权的事，一件所有人都容易上手并且越做越快乐的事，一件也许未必对社会对人类有宏大意义但是无害的、对个人成长有那么点帮助的事。

因此，作为一个热爱自拍，将自拍作为个人兴趣，拥有七年自拍经验，恰好拍了一些自拍照片，同时又恰好本职是写作，擅长文字表达的人，最恰好的是，与编辑签约了一本关于文艺的书。

理所当然，自拍成为该书的主题。

这是用散文书写人生的作家的第一次越界，第一次自我突破。

拍照，任何人都会做的一件事，任何人都能做的一件事。

做这件事，一部相机，一个三脚架，这是全部的投资。

站在镜头前，你成为了自己的模特，每一次挑选照片，你端详自己的模样。在工作的时候，记录下此刻的模样。我认识一名海员，他每次上船，总是喜欢为自己拍一些在船舱的照片，起初因为休息时的无聊，发布于脸书，摆好笑的表情，与朋友逗乐，后来，他对于拍照这件事认真起来，研究参数，学会修片。

对于我的海员朋友，在大海上的那些枯燥日子，为自己按下快门，如同借用他者的眼光，停下来，看一看这一个“我”正过着怎样的生活，脸上有怎样的表情，观察“我”与四周所处的环境之间的互动。

自拍，是另一种形式的自省，是防止沉溺于生活之中的武器。

快门声如同清晨尖锐的闹铃声，喊醒沉睡麻木的灵魂。

在自己的镜头前，我们终于只属于自己，终于是自己故事的主角。

至于我，自拍在那些年的孤独漂泊中，扮演了太重要的角色。

在荷兰读书，在爱尔兰作交换生，在西班牙工作。工作一段时间后，辞职，然后用三年的时间，跑遍中国各地，与当地人生活，采访他们的故事。如今，重回欧洲采访，第一站是冰岛。

七年前，第一张自拍，在荷兰的寓所，课业的压抑、语言的障碍，陌生环境下的不适应，漫长冬天远离大城市的寂静，我关上门，开足暖气，穿着夏天的衣服，拿出破旧的卡片机，按下快门，站在白墙前，终于喘了一口气，笑出声。

我还记得当时的心情，忘掉一切烦恼，整个世界只有我和镜头。我像是高傲的长颈鹿，像是最负盛名的女主演，像是顶尖的女模特，即便现实之中，我只是那么微弱的小人物。

走的地方越来越多，不停奔波，多亏了三脚架与相机，忙碌生活的间隙，我随时得到片刻的宁静，享受灵魂与这世界的约会。

雨过天晴的漠河，北极村上空出现双彩虹，院子里摇摆的秋千；新疆喀纳斯，一场大雪后，站在村庄的山顶，天很蓝，空气是甜的；西藏波密，穿着华丽藏袍，过藏历年，孩子们清澈的眼睛；冰岛的冰湖，千年冰川的融解，过程壮烈；上海林立高楼的繁华夜景；巴黎铁塔下的大红色连衣裙；巴塞罗那海边的微风；荷兰南部小镇的落地窗；一觉醒来，发现身处大理的火车站，云很低；在沈阳，睡在书店，那个浪漫的夜晚……生命是片段，那些片段在经历的时候我是快乐的，那么快乐，如此自知之明的快乐，拿出三脚架，纪念当时的自己，不让这一切过去之后了无痕迹。

往后的日子，每当消沉、感觉无望、失去力量，记忆力差的我重温照片，记起当时的场景，如同我曾强大的证据，重新燃起希望，我知道还有更多的险境在等着我，还有更多的奇妙体验将会成为属于我的故事。

当我开始自拍，我像是分成两个自我。

一个我站在镜头前，另一个我按下快门。

一个我负责精彩的生活，另一个我随时省视此刻的灵魂。

嘉倩

2015 年 8 月

跟着嘉倩学自拍

By 王一

“自拍”几乎是每个女孩子绕不过去的话题，在前置摄像头还没有被发明之前，女孩们已经深度研究过用后置摄像头拍照哪个角度最好看了。

在认识嘉倩之前，我从来没有尝试过用相机自拍。

刚刚接触到各种拍照 APP 时，我尝试过将商店里的各种付费和免费的都下载来使用，后来发现了几款可以定时的 APP，就开始用手机尝试不一样的自拍。记得有一次和朋友出去玩，我们全程用 iPad 拍出了属于我们自己的合影，当时觉得骄傲极了。也正是因为喜欢人像摄影，就开始在网上大量地搜索好看的照片，无意间就在豆瓣网上发现了嘉倩。

在见到嘉倩之前，我和所有人一样，充满了好奇和疑问——

◇ 一个小女生扛着三脚架和相机真的不会很重吗?

◇ 有的照片看起来距离那么远，真的是自拍吗?

◇ 身边真的没有带专业摄影师吗?

◇ 放在闹市的相机不会被别人拿走吗?

因为那时候，我还不太相信一个人可以完成那么多看起来充满故事的照片拍摄。

报名参与了西安站的交换梦想活动，如愿以偿地见到了嘉倩。第一次尝试到她的相机自拍是在一家凉皮店，吃过饭后照合影，便携式三脚架，单反，定时十连拍。前几次拍出来除了嘉倩以外，我们所有人都是十张一个表情的，而且非常僵硬。

后来嘉倩被我“拐”回了山里，两个人单独相处了四天，山里交通不便，没有网络，没有零食和电视机，方圆几里也只有奶奶一家，每天除了睡觉吃饭剥玉米就是出门去拍照。

嘉倩当时用的是佳能600D套机，机身和镜头加起来一点都不重，（因为我当时带了一个美能达的胶片机，重量是佳能的一倍左右）。她使用的三脚架是30多块钱的便携款，非常小巧轻盈，适合女生出门携带。在拍照时，为了更好地融入和体现家乡的风格，如奶奶的一些衣服、爷爷的雨衣、家里的农具都是可以用上的。有次在吃饭前，爷爷在洗手，我们都觉得这个场景挺好的，又拉爷爷回来边洗边拍，就有了一张生活气息迎面扑来的照片。

在和嘉倩那将近一周的相处中，360度无死角地取经，学到了非常多的东西，立马就下手买了单反。我的相机也是佳能600D，但是镜头换成了 18-200mm 的长焦镜头（应该是长焦的，对镜头知识不是很了解）。当时也是在网上做了很多功课，还是选择了这款相机，首先价格上还是比较占优势的，其次可以满足自拍的定时连拍需求(这点很重要)。

对于我，学习自拍无非有三个原因：

◇ 想要给自己的每一个阶段留下些记录心情的照片；

◇ 不习惯面对别人的镜头，在自己镜头下显得更轻松自如，拍出来的照片也更加自然；

◇ 身边没有会拍照的高手，别人拍的照片也达不到自己的要求，不如自己动手。

当然，一开始真正上手自拍的时候，也并非一帆风顺。

首先要学会**在镜头前释放自己，**这是一个看似简单实际很难的过程。开始时，我都是把自己关在房间里练习，怎么样摆 pose 是自己比较满意的，怎么样笑拍出来最好看，光是笑容就对着镜子练习了好久。也许会有人说何必呢，不就是一张照片吗？其实所有你认为别人轻而易举就可以做出来的东西和别人生活中呈现出来特别美好的那些闪光点，背后都是反复的练习和付出，想要写好字，就得每天临摹练习；想要做出色香味俱全的食物，就要经常学习和练习，拍照也是一样。

其次要克服脸皮薄。这想想就是件很难为情的事情，还时不时会被不明真相的路人围观和指指点点，但因为有了在房间里练习的基础，再加上自己给自己的勇气，在户外面对镜头时也可以镇定自若，虽然心里充满忐忑。记得有一次在杭州西湖边和朋友自拍，有一个超级可爱的大叔骑着自行车过来问："你是在拍电视吗？拍到我了吗？我也好想上电视哦。"惹得围观的人哈哈大笑。还有一次在校门口拍毕业照，保安大哥全部围到相机跟前，看着我各种摆 pose 各种拍，完事还夸我，这小姑娘拍得真好啊！这也算是在外自拍的一种乐趣吧。最后要确保相机安全，在一个人的时候，面对想拍照的地方人比较多时，我都会选择放弃，一是担心在自拍的过程中相机被别人拿走，二是怕被坏人盯上，毕竟是一个人，更加小心一定没错，如果有同伴在的话，就可以让同伴站在相机前看着，这样更加安全。

克服这些困难后，就得关心怎么拍才好看。首先，你必须了解你的相机，佳能 600D 这款相机相对于其他型号来说还是容易上手的，一开始我也只用 P 模式，后来妹妹教我用 M 模式和 AV 模式后，开启了一个新世界，练习拍摄时，我把每个功能都试了一遍，其实也是因为自己看不懂各种教程和说明，就用笨办法，最后殊途同归。其次关于构图。构图这种东西虽然也有很多的教程，但我还是看不懂，也是自己摸索，多练习自己的感觉，多观察生活，多学习喜欢的摄影师的作品。还有就是服饰，服饰也是好照片的重要组成部分，对于女孩子来说，裙子绝对是上镜的，出门多带一条裙子也是必不可少的。最后就是修图。 我一直坚信照片就是展示自我，所以所有的照片都是只调色不修片，尽量用光线、角度等前期做到比较好，既然学习自拍是为了记录，那么不论这段时间长了痘痘，还是胳膊变粗，都是真实的记录。在调色中常用的就是 Lightroom（电脑），手机 APP：VSCOcam，Snapseed，LOFTCam，有这三个就足够了。

从见到嘉倩学习自拍，如今已经两年了，背着相机和三脚架，无论是出去旅行还是平日生活，都成为一种习惯。学习自拍，也慢慢地让我开始认识自己，照片不会说谎，每一个时期的自己，状态好还是不好都真实地呈现着，也督促着自己向着更好的那个自己去努力，也算不忘初心吧！

CHAPT

Prepare

文艺女王

养成手册

ER ONE

第1章 拍照前的准备

从前有个女孩子，羡慕那些漂亮女孩。她认为唯独那些女孩才有机会穿上各种漂亮的衣服，才有资格遇到摄影师，才有人替她们修片。

从前有个女孩子，在网上看见“红人”的相册，美女照片一张张点过去，看得她也想有这么好看的相册，一生哪怕就一张漂亮到令人停止呼吸的照片也好。

从前有个女孩子，嘴唇厚但不性感，牙齿大得像个卡通兔子，鼻子不挺，眉毛无型，画眼线要涂一大层才能让眼睛略微显得大一些些，胸部平平，肚子上有肉，并不优雅还略微驼背，笑起来一点也不甜，所有一切拼凑在一起，虽然不是丑得惊天动地，但也没到令人称好或长得有个性的地步。

从前有个女孩子，她自卑到骨子里，一看镜子会悲伤。在某一刻，她希望有人喜欢她，她希望自己是漂亮的，至少在她衰老之前，她想要绽放，哪怕一天也好。

第1章 拍照前的准备

写给所有这些从前的女孩子们。

成为“千分之一的美女”

如果说爱漂亮是件肤浅的事情，那么我大概就是个轰轰烈烈肤浅的人。

喜欢照镜子，喜欢拍照片，但永远只是个“刚刚好”，刚刚好的身材，刚刚好的气质，刚刚好的脸蛋，混迹在人群里，基本上就被淹没了。

在二十岁生日那天，我给自己的礼物不是一套裙子，也不是名贵化妆品，而是一副锃锃发亮的钢铁牙套。戴上后，接下去的两年半嘴巴合不拢，睡觉常会流口水，还很惨地发音不标准。怀着无比美好的愿望，渴求着脸部发生剧烈变化。听起来似乎很励志，可惜的是，钢铁牙套拆去那天，励志女主角一直安慰自己的奇迹并没有发生，还是这么一张平平凡凡甩不掉的脸。

唔……那一刻，其实我连掀翻面前牙医桌子的力气都没有了。

戴牙套期间习惯了抿嘴笑，鼓鼓的腮帮子，根本和美女是平行道路。但是在此期间，我找到了另一个方法抒发情绪实现“美女”之梦。对相机和修图一窍不通的我，扛起了三脚架，四处给自己拍生活照旅游照，甚至无聊的记录小照。

刚开始，一千张照片里面有一张还算是过得去，这辛酸的“过得去”指的是不算特别美，但是看着顺眼的片子。上传后，尽管仍然一如既往，点击的人寥寥无几，一旦有友人赞叹“拍得真好”或者“谁帮你拍的”的时刻，心里阳光灿烂。

渐渐地，不论点击量多少，每一千张里总会有一张还算过得去的“美女照”，索性就光荣称呼自己为**“千分之一的美女”。**那些照片都成为自己珍藏的纪念，纪念那时刻的自己，纪念那时刻所处的环境，纪念那时刻的心情，所有一切，因为时光的不可逆转，所以格外珍贵。

第1章 拍照前的准备

常有人来问我，到底怎么自拍的？

所以，我想把七年来的自拍经验分享给大家，也希望借此机会，告诉所有像我一样轰轰烈烈肤浅的女孩子，喜欢自拍，喜欢生活里随性的自己，对提升自信，发现生活的美有很大的作用。到最后，你不会再关注别人的点击量，你能够在一张张照片里，找到自己真正的样子：

可能你咧嘴笑并不甜美，但是抿嘴笑竟然很温暖，奔跑时某一刻的笑特别真诚有感染力。你可以没有好看的衣服，没有摄影师，但是你可以利用身边的一切小事物，发现独一无二的自己。

我的第一张自拍

我并不觉得一个人旅行，一个人生活，一个人给自己拍照是件很悲伤的事情。

反而，更能够让自己独立起来，更不受外界干扰，也令自己快乐。

爱笑的女孩运气不会太差，而有能力让自己笑的女孩，生活一定很有趣。

我所定义的自拍，并不是45度角，右手高举过头拍照。而是相机设定自动定时，人融于身边的景中，去记录这一刻的自己，这一刻所身处的地方，这一刻的心情。

大学之前，我不曾拥有过相机或任何的拍照设备。

我的第一张自拍，从一部破烂卡片机开始……

一部银色的佳能卡片机，我爸交给我的，继被我弄丢的一部后，这是家里的第二部数码相机。

直到大学最后一年，我一直在用它。

那天晚上，正在摆弄相机时，无意中发现了十秒十连拍的功能。把相机架在桌上，人站到白墙边，眼见着提示灯有规律

ONE

第 1 章

拍照前的准备

07

地一闪，接着又一闪，因为屋里没人，后来玩上瘾了，我把衣柜里面衣服通通翻出来，在白墙前搔首弄姿，不知不觉到了天亮。

打完工，功课做完，做完晚饭，买好一整个礼拜的菜和日用品，看着窗外飘雪的恶劣天气，我有了新的爱好：给自己拍照。既能打发时间，又可以在镜头前发现自己“到底长什么样”。

为何这么说，并不是我从未照过镜子，而是拍照多了，我常发出这样的感慨，“哦！原来我的侧面是这个模样”“原来我脸上的五官长这样”“原来我做这个表情只是自以为好看，实际上……”

个人摄影癖好：从来没有删照片的习惯。

朋友给人拍片，拍一整天，最后出片十张左右。

我问他：“那么，其他的没有被选上的怎么办呢？”

答案是：“全删了。”

这个答案听得我心疼不已。

第1章 拍照前的准备

我总觉得，每一张照片都是这一刻的记录，无关好看难看，这也是我这七年来坚持不删照片的理由。的确，没事的时候翻看那些拍烂的，或者自己转过身瞬间的白眼照，没有比“触目惊心”更合适的形容词了。

不过，美女看多了，难免会产生视觉疲劳。

完美的修片或者艺术照，看得多了，更是会觉得生活照很可贵。最后还是回归于平凡的小生活里，无论是旅行，还是居家，让照片记录那一刻的自己。

打开电视机，铺天盖地都是美女找真爱；打开网络，一张张陌生美女相似的面容，千篇一律的染个金发，一律的尖下巴，戴美瞳，化个妆把脸弄得很白，没有一点瑕疵，再贴上假睫毛，撅起嘴巴。

“美女”这个词，本应是很天然的可爱的令人欢喜的，可是在媒体和这个社会的渲染下，它有了一个约定俗成的标准，在标准之外的就一并圈为异类。

所谓真正的美，应是多种多样的，更是具有自身独特性的。

自恋，是件美丽的事情。

不论你长什么样子，接受真实的自己，爱自己，那种快乐远远胜过他人的评价。

就这样爱自己：我有小雀斑，但我觉得它们在我脸上显得很可爱；我眼睛不大，但是炯炯有神；我嘴唇形状不好看，但是笑起来很灿烂；我头发没有造型，但是随风自由飞扬；我不够高不够瘦，腿不够细不够长，但是活蹦乱跳吃饭香。

扛起三脚架，尝试着用最真实的自己面对镜头。

只有一个简简单单在生活的你，如果能够爱上这样的自己，即便只是“千分之一的美女”，你的美也独一无二。

ONE

第1章 拍照前的准备

11

器材 1：相机

初级阶段，可以从卡片机入手。

熟练，以及渐渐放开胆，不再过分羞涩时，推荐使用单反，本人建议使用佳能系列的**入门级单反，**型号为 550D、600D、650D。

原因如下：

◎ 中高端佳能单反往往没有十秒十连拍的功能。

◎ 如果擅长所有参数，日后入门级单反配不错的镜头，同样能拍出大片。

◎ 翻转屏能够培养镜头感。在最初对镜头范围无概念的时候，可以在拍摄时，通过翻转屏帮助取景。

◎ 入门级单反的机身非常轻便，可随身携带。

◎ 由于是自拍，在最初阶段，使用全自动模式即可，不过于追求光圈等数值，因此最基本的镜头完全可以满足需求，

不推荐专业镜头，一方面难以对焦，另一方面会增加相机重量，不但无法养成随身携带单反的习惯，也会因使用塑料三脚架而带来危险。

◎ 电单相机可以在最初阶段使用，但是仍然推荐单反，有利于将来向专业摄影的进阶，也有利于不对过于便捷的电子数码产品产生依赖。

你使用的是什么相机？

我的第一部单反是佳能550D，镜头是原机自带的。

此外，我还有一部佳能卡片机G11。作为具备旋转屏的卡片机，培养镜头感很有用。曾狠狠摔坏过一次，那是一次自拍，刚转身，镜头着地。

买到相机后的第一步要做什么？

回到家，关上卧室房门，背对白墙，相机放在三脚架上，全自动模式，选择“十秒十连拍”，开始人生的第一次自拍，有意识地发掘自己上镜的角度。

是倒计时连拍还是单张?

倒计时连拍，选择是“十秒十连拍”，因为能抓拍某一瞬间最真实的表情，也常常能在抓拍的过程中发现惊喜。

怎样确定不会失焦，如何在十秒内走到正确位置?

在最初学自拍的时候，不要过分执着于对焦这件事，而是培养镜头感，就是站在镜头前感知自我的能力。

十秒内，如何走到正确位置，这个问题很关键的一点在于了解自己的能力范围，例如拍旋转木马的照片，十秒钟无法坐到木马背上，并且无法立刻把紧张的情绪恢复正常，因此，更好的选择是站在木马边。另外，按下快门之前，应当已经幻想出自己所要拍摄的照片的大概模样，早已确定好要站在哪个位置。

自拍的时候需要来回跑吗？

好吧，确实，十秒十连拍是一种运动。但是目前看来，它最适合自拍。

使用遥控器确实可以省力，也便于对焦，不过如果视力不佳，有时按下去，看不清楚相机上的亮灯，无法确定是否已经开始自拍。另外，对于爱穿连衣裙的人而言，没有口袋，无处安放遥控器，手拿着它也会影响照片的意境。

十秒十连拍，来回奔跑不但有助于健身，同时，每次拍完后，可以第一时间浏览，改变更适合当前光线的各项数值，也能相对应地知道如何摆 pose，特别是如果见到某张照片特别棒，会给接下来的拍照带来信心，鼓舞士气。

自拍常用的镜头是哪款呢？感觉你应该不会带几个镜头上吧？

开始自拍的时候，我只有一部卡片机。后来，真正意义上的自拍，我使用佳能入门单反，镜头为佳能 18–55mm，F3.5–5.6。

从 2009 年到 2014 年，五年，我只有一部单反，一个基本镜头和一部单反备机（卡片机）。在自拍第 5 年，掌握了单反和各个功能后，我拥有了新镜头，腾龙 17–50mm，F2.8。

目前，又入手了一组新镜头，适马 18–35mm，F1.8，出片效果好，但缺点是较重。

出门的时候，我仍然延续过往的传统，只带一部单反，一个镜头，一部卡片机。现在最常用的是佳能 760D，配腾龙 17–50mm，F2.8，卡片机为自带翻转屏的佳能 G11。

佳能 760D 机身很轻，腾龙镜头能够满足大部分摄影需求，本身也较轻，两者都属于便携极佳、性价比高的设备。备机作为单反没电或被偷的突发情况下使用。

相比佳能 760D 与佳能 70D，更推荐佳能 760D 入门单反，佳能 70D 机身重，不适合随身携带，而且虽然机身自带十秒遥控，但无法十连拍，只能拍一张照片。

器材2：三脚架

旅行时，三脚架是好伙伴，拍照不求人。

日常生活中，它依然是好伙伴，帮助记录每一个时刻，随叫随到。

究竟怎样的三脚架适合自拍？

似乎这是所有人好奇的问题。从分享经验的角度讲，这七年以来，我只使用最低端的塑料三脚架，虽然相比那些专业重量级别的三脚架，它的使用寿命较短，往往不是因为塑料端的接口松了，就是因为胶水劣质，时间一长就容易自动脱落，更有那么三四次，整个三脚架散架了。

解决这个问题很简单，每次出门带两个三脚架。

或许听起来麻烦，出门不但要带相机，还要随身带两个三脚架，其实，当你拿到三脚架实物的时候，就会理解了。其本

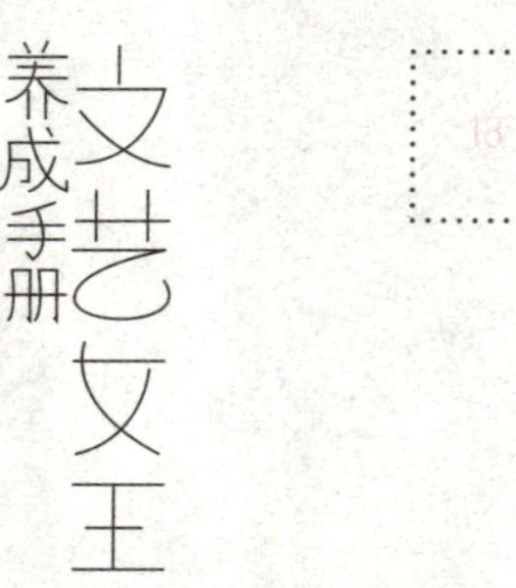

身由于塑料质地，根本算不上有重量，并且当它全部收起的时候，不超过一本时尚杂志的长度，宽度仅杂志宽度的一半。因此，完全可以被放入随身的拎包里，不需要额外购买夸张的专业相机包。对于平时热爱记录生活的人而言，再合适不过。

塑料三脚架的平均使用寿命为两个月，指的是在每天不间断使用的情况下。价格一般在 30–45 元人民币之间，因此，是在可以承受的范围内，毕竟重量级专业三脚架动辄上千元。

三脚架的高度需要考究吗?

支撑入门单反机，塑料三脚架的载重完全没有问题。在自拍体验上堪称完美，可以拍横图，也可以拍竖图，使用快捷方便，每次从包里拿出到全部展开，安置相机，熟练后基本十秒钟内搞定。

全部展开的时候，高度 1 米，如此高度，已能满足大部分

场景的拍摄需求，除非想要从上往下拍。

矮个子，或者身材比例不佳的人可以选择只拍半身。如果拍全身照，三脚架不必全部展开，比人矮，从下往上的角度拍，会将人拍得伟岸，显腿长。对于个子矮的女生，从上往下拍，容易把人拍得更矮。另外，不建议穿长裤，连衣裙是最佳选择。大裙摆，长裙，带有明显的腰部曲线，且腰带的位置位于真正腰部偏上，如此，在视觉上显人高，也显腿长。

什么样的三脚架适合初次尝试的人？

塑料三脚架和入门级单反，适合初次自拍，也适合长期自拍的人。

最近一次使用了非塑料的专业三脚架，以及不堪重负的中端机器佳能 70D 后，我仍然回归塑料三脚架和入门相机佳能 760D，面对美景，抓住时机记录它；遇到有趣的人，能够以画面说出他的故事；突然幻想的某个美好画面，我站在镜头前尽情演绎。最基础的三脚架，最入门的相机，已经能够满足这些要求。并且它们能够轻易随身携带，而不会因为过重，或者过于昂贵，成为旅途的负担。

自拍杆和三脚架区别大吗？

知道我要写一本关于使用三脚架和单反自拍的书，朋友感到震惊，他说，现在自拍几乎都在用自拍杆和手机。然而，我觉得自拍杆不能取代三脚架，它只是代替了手臂，因为在拍照的时候，手依然拿着杆子，非常受局限，不可能拍出使用三脚架时奔跑、背影等照片。至于手机与单反的区别，应该不必一一列举了。

单反略重，三脚架会支撑不住吗?

可能是我背着单反四处走，入门级的佳能 760D 对我来说，几乎没有重量，在日常使用时，配适马 17-50mm，F2.8，塑料

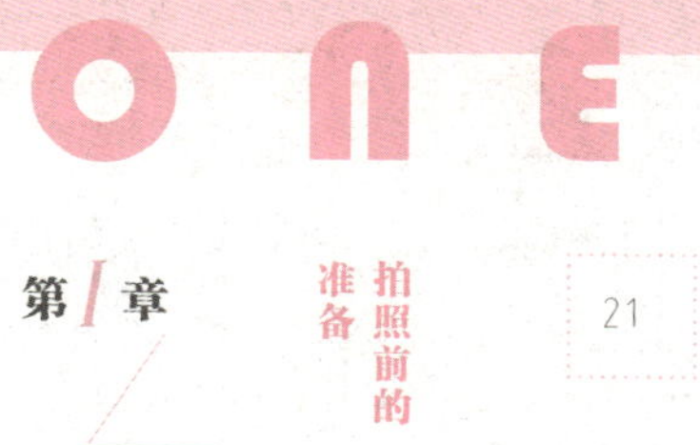

三脚架完全没有问题，能够支撑。

三脚架能塞进行李箱吗？携带方便吗？

我使用最基本款的塑料三脚架，收纳高度为350mm，可以放入随身的书包。自重为350克，背着长途奔波，几乎感觉不到重量。脚架节数为4节，能承重1.5千克。云台可以控制单反上下左右自由移动，不过通常我不拍竖过来的照片，只是在后期通过截图实现，因为将单反竖起，可能引起三脚架重心不稳。我的三脚架最高可拉伸至1米，对于日常拍摄已经足够。

三脚架坏了怎么办？

我所推荐使用的塑料三脚架，虽然便捷、性价比高，但是寿命短（每天不间断使用，可连续使用两个月）。由于接口都是塑料制作的，一旦胶水失去黏性，开始松动，很快三脚架就会散架。所以，在外拍照，我常常要面对三脚架散架的情况。

首先，我会对陪伴我这一路风雨的三脚架致以最高级别的缅怀，然后从行李箱取出另一只同款三脚架。

当然，如果备用三脚架也散架了，或者出门忘记携带三脚架，可以借助桌子、台阶、书包、围栏等作为三脚架替代。也可以选择向同伴、陌生人寻求帮助。

为什么是三脚架是男朋友?

简单啊！它给我拍好看的照片，陪我去天涯海角，在关键时刻还可以挺身而出打一架。从来不嫌弃我，哪怕我是神经病，又跑又跳，大笑，耍白痴表情。

器材 3：修图软件

既然初学者的任务是先尝试在家里的白墙前自拍，摆脱羞涩，那么，对于图片的质量就先不要过分苛求，美图秀秀这款智能软件已经足够了。

美图秀秀是入门的好帮手，免费软件。轻松、简单、上手快，并且有多种调色组合。建议初学者可以将美图秀秀作为入门后期修图软件，尝试并且研究它的每一种功能。

当你变得勇敢，变得在相机前放肆，举手投足间多了自信，尤其是你自身感到美图秀秀的滤镜功能已经不能满足你对照片的要求时，请开始使用 Photoshop 软件。

也许诸多人望而却步，认为这是一套专业人士才学得会的修图软件，其实不然，作为业余爱好，只需学习一些非常基本的技能。譬如截图，譬如专调某个颜色的饱和度，譬如清除天

CHAPTER

文艺女王

养成手册

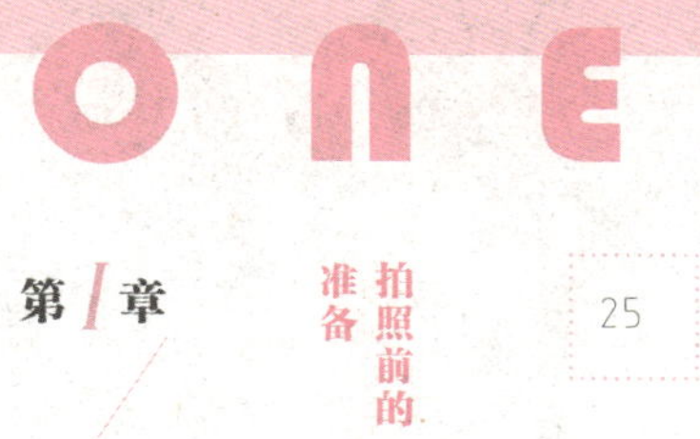

空中多余的建筑物，譬如添加胶片效果的纯色滤镜。

这时候，就是开始学习 Photoshop 软件的好时机，发现问题后，就需要逐一解决问题。不建议从零开始系统学习 Photoshop，太多的功能组合非常复杂，不如采取实用主义，每次遇到问题，然后再研究 Photoshop（以下简称 PS）可提供的解决方案。

推荐 PS 软件中的青色滤镜以及万能的曲线。

用惯了 PS 软件，会觉得比美图秀秀更易上手，操作更便捷，画面更符合期待。如果没有电脑，只能使用手机软件，推荐手机版美图秀秀，功能齐全。也推荐 Instagram 软件，不过，我不喜欢它的自带滤镜，更偏爱它的修图功能，尤其是 FADE，可以制造胶片效果；Vignette，可以制造 LOMO 效果。

不过，本书的重点在于自拍的过程指南，因此将不再涉及后期修图。

CHAPT

Primary

文艺女王

养成手册

ER TWO

第2章

『千分之一的美女』自拍初级教程

这是针对那些内心期许在镜头前露面，又不自信的非专业人士的指南。

在这里，不仅是拍照技巧，同时更是镜头前的人的内心独白。

自拍的学习逻辑：

◎ 准备器材。

◎ 自拍初体验，在家里，站在白墙前自拍练习。

◎ 旅途中，无人的风景前自拍练习。

◎ 日常生活中，发现身边的风景，置身其中练习。

◎ 研究单反各项功能、数值，进阶更好的镜头。

◎ 旅途中，旁若无人地自拍练习。

◎ 养成随时携带相机与三脚架的习惯。

◎ 逐渐掌握修图技巧。

最终，自拍成为了生活的一部分，这个乐趣让你陶醉其中。

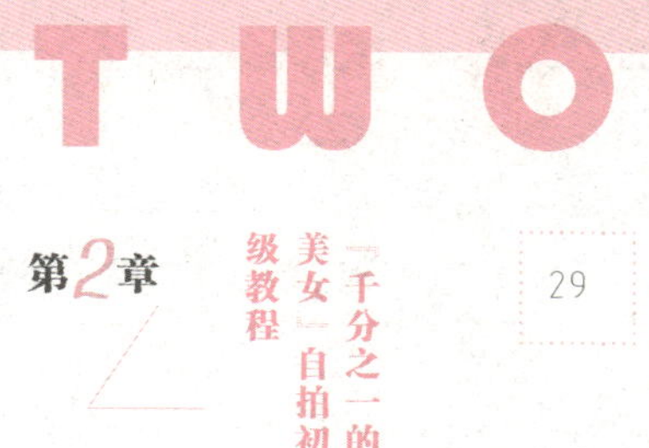

第2章 『千分之一的美女』自拍初级教程

如果天生长得漂亮，如果有穿不完的好看衣服，谁不希望由别人来拍照？

学会自拍，是因为在别人的相机里总是丑得自卑。

惊喜的是，练习久了，在自己的镜头中，越来越接受身上角角落落的不完美，越来越发现是性格演绎了身上的衣服，越来越不勉强所谓的甜美笑容。

真实，自然。

记录每一个年岁独一无二的我。

开始自拍吧！

从羞涩的背影开始

一开始自拍，可能一千张照片里好看的、顺眼的就只有一张，而且是后脑勺的照片。

这时候千万不要泪奔，不要沮丧，更不要摔相机。

我也体验过翻看一张张失败照片的苦恼。有时候动作诡异尴尬，有时候翻白眼，有时候可能人还不在镜头里面。

可是，不要害怕拍出难看的照片。你本来就不是模特，也不是天生就有镜头感的。

其实拍了那么多照片以后，我的经验是：

镜头感 = 出镜时候的自信。

要毁掉多少张才能有一张看得过去的照片呀？

站在镜头前，未知的恐慌和害羞无处躲藏。

这样的感受，非常正常，非常普遍。

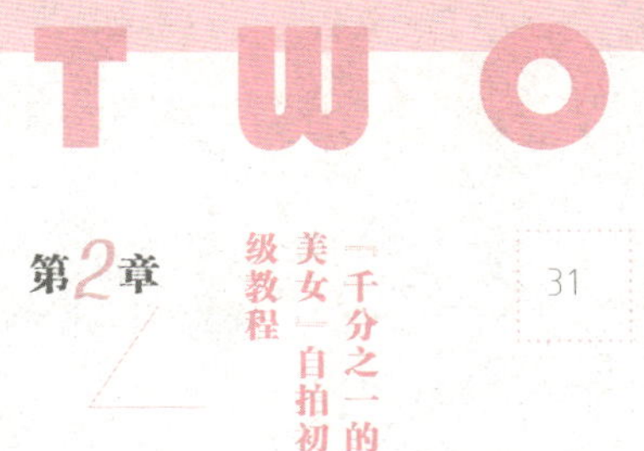

第2章 「千分之一的美女」自拍初级教程

刚开始自拍，一般毁一千张，才能有一张看得过去的照片，所以，才将这个自拍指南称为“千分之一美女”。后来渐渐地，通过自拍，获得了镜头感。所谓的镜头感，指的是面对镜头不再感觉不自然，或者恐慌，并且站在镜头前，已经能知道自己在图像中所处的位置，人是全身还是半身。另外，通过自拍，发现自己最适合上相的角度，最适合的穿衣风格，发现了构图的灵感，明白了如何与四周景物互动。目前，基本上按照十秒十连拍作为一组，大概每三组至少能出一张满意的照片。

许多摄影“专家”说，刚开始拍照的前一万张都是在浪费快门，真正的摄影是从那一万零一张开始的。

自拍讲求的是一种心情，一种兴趣爱好，一种热情，一种创作幻想画面的冲动，因此不感觉累，反而是面对想拍的景致不搭建三脚架会浑身难受。

初学者拿到相机，回家自拍。在这里，不着重介绍如何在

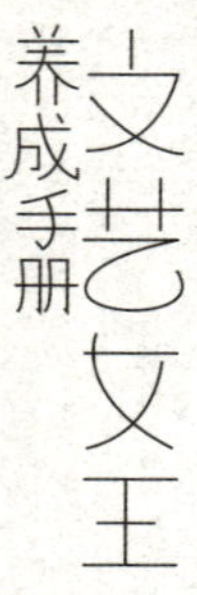

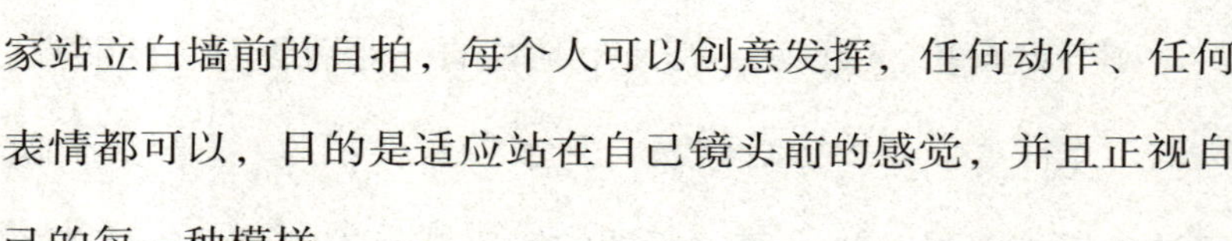

家站立白墙前的自拍，每个人可以创意发挥，任何动作、任何表情都可以，目的是适应站在自己镜头前的感觉，并且正视自己的每一种模样。

接下去，走出家门，如何迈出最关键的第一步？

首先，找到无人的地方，一个花园、一座山、一片海，或者是人群散去的火车站台。

接着，搭建三脚架，使用全自动挡，设置十秒十连拍……

TWO

第2章 "千分之一的美女"自拍初级教程

▲ 面对镜头紧张？没有关系，转过身，欣赏风景。
走出家门，自拍的第一张练习，从无脸背影照开始。
不去担心参数，不去考究对焦，不去在意构图。
重要的是你做到了，勇敢地站在自己的镜头前。

CHAPTER

文艺女王养成手册

第2章 「千分之一的美女」自拍初级教程

又要摆 pose，又要看镜头，又要微笑，很难，怎么办？

为什么一定要微笑呢？

为什么一定要看镜头呢？

记住，面对镜头，当你感觉舒服自然的时候，相由心生，拍出来的照片也会看起来舒适自然。事实证明，不看镜头（侧脸望向远方），不微笑（奔跑时的哈哈大笑），也能拍出美丽的照片。有时候，背对镜头或者侧过身，同样能拍出文艺气息的照片，甚至更带感。

▲

独自的旅途，拖着行李箱，背着书包，又背了一只斜背包。虽然狼狈，深深的黑眼圈，头发已经出油，心情仍然自在，必须拍一张照片，永远记得那些云很低天很蓝的时光。

不看镜头，只是记录此刻的状态。

▲ 侧过脸，眼睛微闭，呼吸薰衣草的香气。

作为自拍新手，不看镜头是最好的策略，被薰衣草包围，哪怕头发遮住大半部分的脸，画面照样也是唯美的。

CHAPTER

文艺女王养成手册

最初阶段，不必勉强自己一定要克服镜头恐惧症，闭眼也可以。

阳光明媚，闻到迟来的夏天。

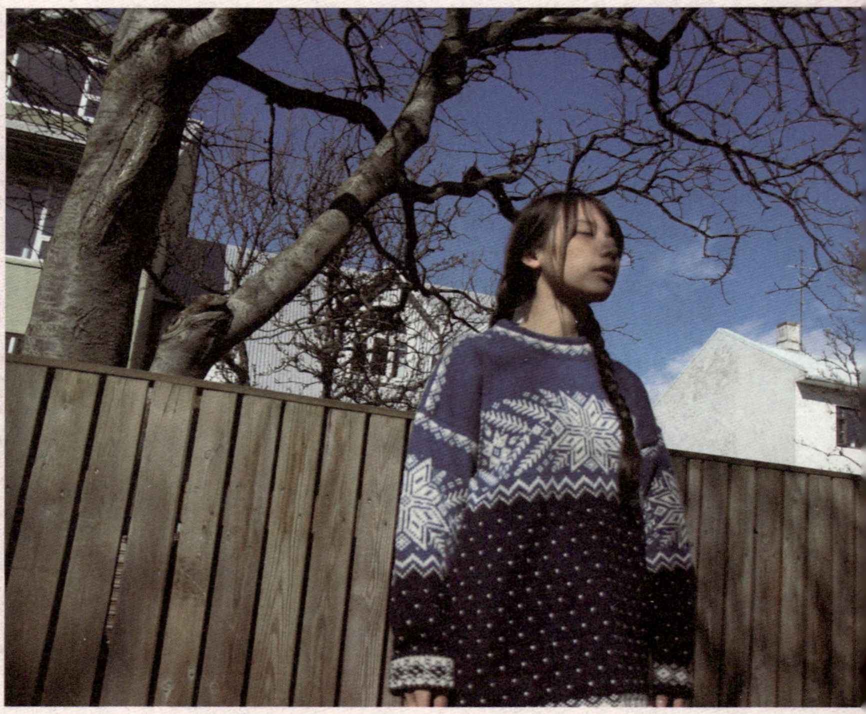

逐渐有一些感觉，捕捉到满意的照片，为心获得成就感。

此时，放开胆，正脸面对镜头，即使依然恐惧，无所谓，闭眼微笑。

自信会被慢慢培养，不必怕。怕的是永远不去做，不去尝试，注定一无所获。

镜头感的快速入门

摆 pose 的时候，感觉四肢不自然，甚至不舒服，那么，毫无疑问，拍出来的照片往往也会看起来不那么舒服。譬如，背过身时回头看，但是脖子扭得太厉害；又譬如，站立，但身体靠在某个与臀部平行的平台上，双手故意支撑两边，一上一下，时间久了人会明显感觉不适，同样的，拍出来的照片也会越看越不舒服。

拍不出自然的照片怎么办？在相机前就紧张得石化了怎么办？拍照的时候该怎么笑？怎样能做到表情自然啊？怎样才能摆一些自然的 pose 呢？现在拍照除了立正和剪刀手，其他的动作都好僵硬……

在镜头前，只有你感到自然放松，拍出来的照片才好看。

因此，自拍最适合的场景是在日常生活中，拍拍那些你经

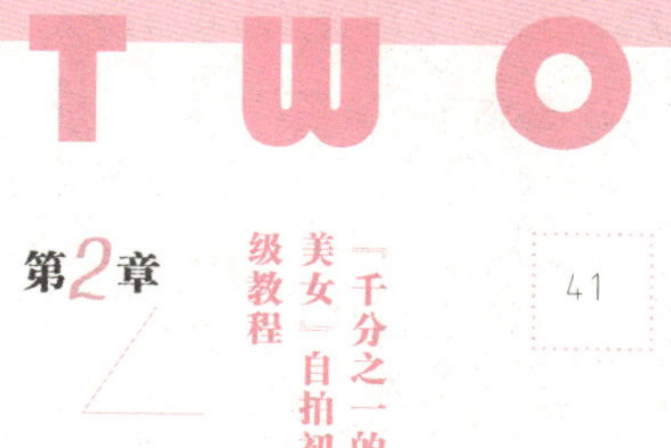

常会做的事情，譬如浇花，譬如看书，譬如晾晒衣服，譬如搂抱小猫。自拍能够通过记录你的日常生活，为往后的日子留存一份小幸福。要记得，一个专注做事的人，通常那画面是饱满的，那个人也往往是性感的。

可是，独自旅行时脱离日常生活，站在镜头前该怎样表现自然？

镜头感入门的一些简单建议：

◎ 既然表情不自然，那就不要表情，背过身，来一张背影照。

◎ 奔跑起来，自然会放松，不再紧张，甚至自然地笑出声。

◎ 走路散步，长发飘飘，神态怡然。

◎ 盘腿放松坐着。

◎ 张牙舞爪地跳舞，先把自己逗乐。

◎ 拿相机、花朵之类的物件当道具，看起来很忙。

CHAPTER

文艺女王养成手册

◎ 侧过脸，眼神温柔，如同望向大海。

◎ 喂喂！去做一些什么事，任何事，总比呆呆地站在镜头前显得自然。

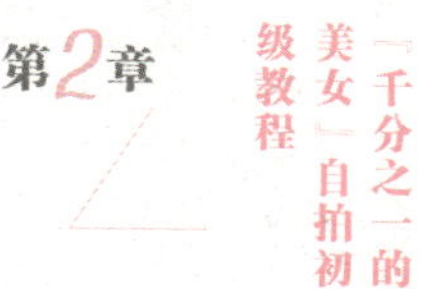

第2章 「千分之一的美女」自拍初级教程

照全身像不会摆 pose 怎么办？手和脚都不知道该怎么摆？

要么摆得很傻，要么站得很呆。

很简单，面对镜头，跑起来！

咧开嘴笑的自己并不美，但那一刻在草原上感觉自由，感觉辽阔。

戴牙套的那两年半，我总是倔强地抿嘴笑，那闪闪的钢牙是我想藏起来的秘密。

但唯独在奔跑的时候，因为非常快乐，心底像开花一样，嘴也跟着忍不住咧开就笑了。

喜欢拍照，为了记录这一刻真实的自己。

身边常有这样的朋友：别人帮拍了几张照片，就迫不及待去查看，一旦看到不合自己心意的，发脾气说："难看死了，快点删掉。"

大部分原因，不外乎是"这张我姿势不好看""那张我看起来怎么那么难看""表情没摆好，你怎么就拍下来了"。结果到最后，辛苦了一整天，相机里什么都没留下，都被删了。

幸好，我有个怪习惯，不爱丢东西，就算再烂再破也要留着，因为它陪伴我度过了一段再也回不去的时光；而那些丑陋的照片，我会藏起来，

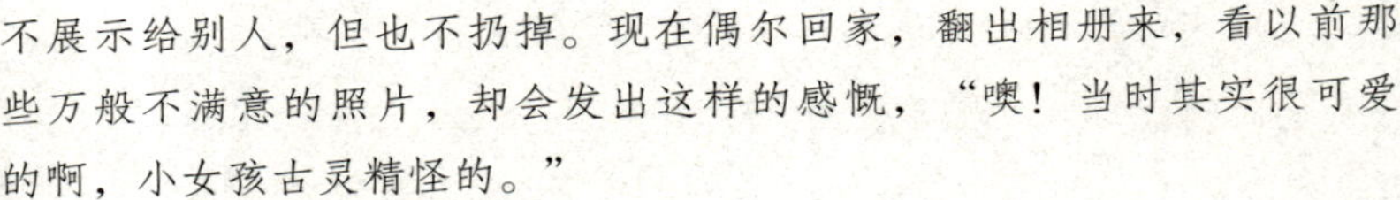

不展示给别人，但也不扔掉。现在偶尔回家，翻出相册来，看以前那些万般不满意的照片，却会发出这样的感慨，“噢！当时其实很可爱的啊，小女孩古灵精怪的。”

最奇怪的是，过往认为好看的照片，现在看来却有些做作，反倒那些以前觉得被别人不小心看到就很丢脸要闹到移民地步的照片，现在看着看着就会爱不释手。

奔跑是我最喜欢的姿势，是能够迅速面对镜头的最自然的状态。

第2章 『千分之一的美女』自拍初级教程

漠河。炊烟袅袅，未修好的马路，红色泥土的柔软大地。这里的夏天不似夏天，微凉的风，一阵又一阵。站在祖国的最北边，四下无人，搭起三脚架。奔跑，跳跃，甩起头发。哪怕姿势不美，至少我是独一无二的，每张照片都是我的宣言。与自己的约会，快乐地独处，奔跑看风景。

▲ 背对镜头，让头发飞起来

头发飞扬的照片，总是充满活力的。无论是马尾辫、麻花辫，还是利落的短发。

不过，尽量避免披散的长发，否则画面可能出现唯美的反义词。

奔跑的时候，用手抓住辫子的尾巴，向天空甩去，
然后手迅速回归原位，以正常跑步的姿势。
不看镜头，背过身，画面照样美丽。
对，是真的跑，但不要跑得太快。

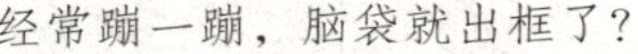

经常蹦一蹦，脑袋就出框了？

这就是所谓的镜头感了，无论是蹲下、站立，还是蹦跳奔跑，面对镜头，能够感知自己在画面中的位置。当然，这是基于拍照经验，和不断地蹲下、站立、蹦跳、奔跑……这些年的积累，数以万计的糟糕照片，如今面对镜头，我已经能够感知我在画面中的位置，也大概能够预感拍出来的照片的模样。

站在距离镜头较近的地方，四周的环境作为背影，烘托氛围，舒适慵懒。

事实上，大部分人需要克服对镜头的恐惧后，才能做到无所畏惧，自然轻松。

初学者自拍的时候万分不自信，可以先从在卧室内拍大头照开始，找到自己最喜欢的角度。然后带着三脚架和单反出门，从拍背影开始。然后，建议尝试侧脸面向远方，闭眼发呆，或者想一些无关紧要的事情。

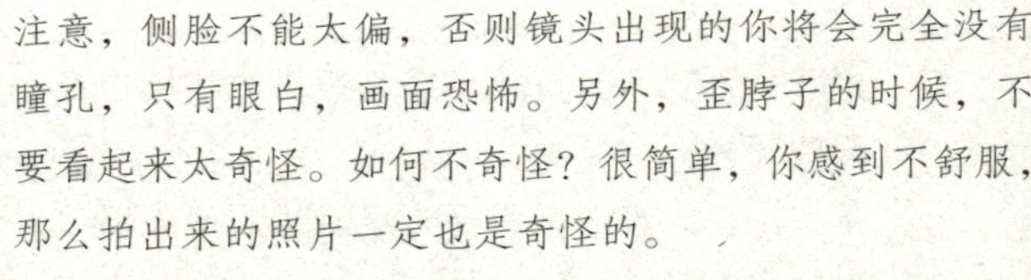

注意，侧脸不能太偏，否则镜头出现的你将会完全没有瞳孔，只有眼白，画面恐怖。另外，歪脖子的时候，不要看起来太奇怪。如何不奇怪？很简单，你感到不舒服，那么拍出来的照片一定也是奇怪的。

可以将视线落脚在一个具体物件上，以免眼神放松涣散。

扬起侧脸，眼神柔和，表情放松。

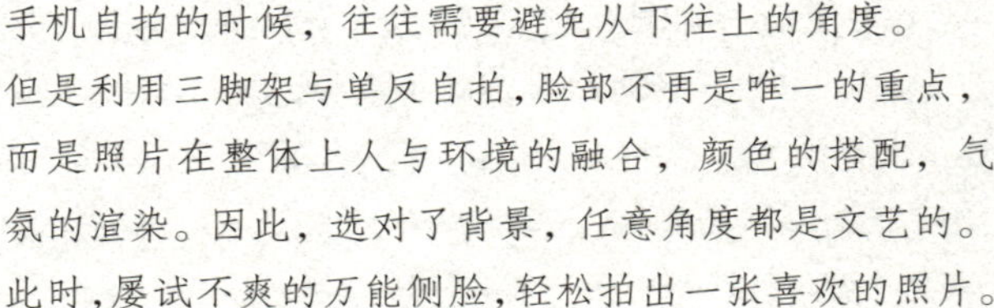

手机自拍的时候，往往需要避免从下往上的角度。
但是利用三脚架与单反自拍，脸部不再是唯一的重点，
而是照片在整体上人与环境的融合，颜色的搭配，气
氛的渲染。因此，选对了背景，任意角度都是文艺的。
此时，屡试不爽的万能侧脸，轻松拍出一张喜欢的照片。

路过澳门的社区中心，附近一带属于历史背景深厚的老街道。

那天阳光很好，照在脸上很温柔，一个属于平底凉鞋和白色连衣裙的夏天。

这时候，坐在树阴下乘凉，如果有一碗冰镇糖水该有多完美。

面部侧对镜头走路的时候，尽量面对太阳的方向，使阳光打在鼻翼处。

假装没有相机，自顾自走路，步伐自然、匀速。

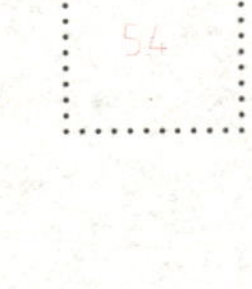

比起千篇一律站在侍卫身旁摆出剪刀手的典型游客照，不如转过身，记录下越来越靠近北欧士兵的画面。背过身走路时，记得留下一些具有个人特色的印记，譬如：常穿的辨识度高的连衣裙，亮眼的帽子以及发型、首饰、围巾，等等。

有风吹来，长发飞舞，朝着镜头走来。三脚架被吹歪，相机跟着也被吹歪。

我站在远处，朝着镜头走来，不知情。

后来看到这张照片，不禁感谢那一股风，大自然的重新构图。

对于羞涩的人来说，正对着镜头走路或许会感到不自在。再次强调一点，也是不断重复的关键，当你在镜头前感到尴尬，感到不适，感到四肢姿势别扭，那么，回家后在电脑前浏览拍摄的照片，也同样会感到尴尬，感到不适，感到别扭。

跑步时，看着镜头，发自内心地露齿笑，可以作为其中一种解决办法。

另一种,则是走路时低下头，似乎心事重重的样子，手插口袋可以帮助安放不知所措的手臂。

不看镜头，低头，缓慢走路。十连拍，其中的一张照片，捕获头发被风吹起的瞬间，同时也捕获镜头中的阳光，脸部表情放松，四肢自然。

为自己拍一组写真，不再是问题了。

时间被定格，画面不说话，看的人发现了许多故事。

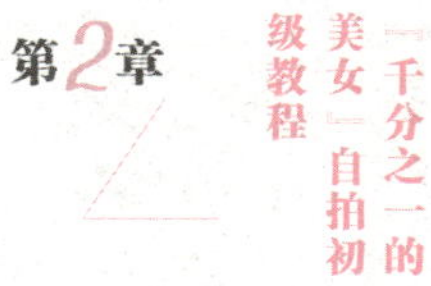

与环境互动的简单方法

如何在旅行中，为自己拍大片？

关于这个问题，其实应该反过来问：旅行途中，该怎样拍出千篇一律的照片呢？站立在景点前，背着包，摆出手势，用力露齿笑，只差在相片旁写上“到此一游”。

最关键的出错环节：站立。

无论任何人，双手空空，由于紧张，不知所措，呆呆地站在那，应该都是很难拍出与景互动的照片的。我的建议是，往后退一步，靠近美景，置身美景。如果可以依靠，或是坐下，那就太好了，轻松自在。

拍出好照片，有一个最朴素的道理，也是我一直强调的：**当你站在镜头前感觉轻松自在时，**那么拍出来的照片也会是轻松自在的。

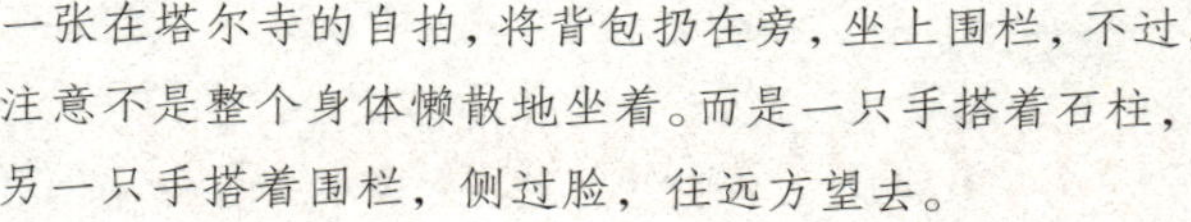

一张在塔尔寺的自拍，将背包扔在旁，坐上围栏，不过，注意不是整个身体懒散地坐着。而是一只手搭着石柱，另一只手搭着围栏，侧过脸，往远方望去。

西班牙南部，越来越接近非洲，金黄色的阳光，它从不吝啬，慷慨地拥抱每一个陌生人。

搭建三脚架，对焦在画面中第二根石柱，按下快门。

十秒倒计时，快！快！快！我双手撑起身体，矫健地爬上栏杆，盘腿坐，抚平裙角，面对阳光，不知怎的，原本幻想的闭眼安详，沐浴阳光的画面，结果却放肆咧开嘴，绽放笑容，因为我被十秒内快速做的这些事逗乐，一切的紧张，不过是为了一张安详端坐在阳光下，融入异国风情中的照片。

CHAPTER

文艺女王养成手册

坐下来比站着更容易融入环境。

漠河北极村，七月的尾声，体验青年旅社老板的生活。

当时，在老板菜菜的青旅内，有一片他种植的菜地，每天吃的新鲜蔬菜水果，都来自这片菜地，浇水施肥，全部由菜菜一个人打理。招来的年轻义工则帮助他接待房客，晾晒被单，偶尔在他摘菜做饭时在一旁打下手。

菜地前有一个小花园，全部由木头搭建，木制的地板，木制的桌椅，木制的围栏，还有一个由老板亲手搭建的木制秋千。那些头顶繁星的夜晚，村子一片寂静，远离城市的光污染与噪声，常常停电，没有网络，没有电视机，房客们聚集在小花园，荡着秋千喝酒，彻夜聊天。

遗憾的是，后来我与菜菜联系，他失落地告诉我，这两年发生了许多事，青旅迁至邮局旁，虽然地理位置更好，但是再也没有这片花园和秋千了。

记忆力极差的我，幸好曾经留影，将这美好的记忆永远定格。那天午后，下了一天的雨终于歇息，先是两道绚烂的双彩虹，随即，蓝天探出脑袋，云朵壮了胆，大步走远。

我带着相机和三脚架来到小花园，坐上秋千，身体用力往后仰，双脚腾空，瞬间，像是飞起来。大雨过后的菜地，散发着植物特有的清新气味，夹杂着泥土香。

如果四周环境单一，不允许坐下，或者躺下，还有其他的方法与环境互动吗？

有的。譬如这张照片，逆光的时候，与阳光玩游戏，“吃掉”太阳。

第2章 『千分之一的美女』自拍初级教程

雪地的环境也是单一的。因此，可以通过玩雪球与四周互动。
雪球碰到鼻子，突然笑了。

双手趴在栏杆上，身体向前倾。

原图

很多人有误区，认为凡是无人的地方，才能拍出非游客的照片。至于那些名胜景点，则无法拍出文艺的感觉。事实上，虽然的确没有路人的时候，照片会更出彩。但是，也可以选择其他的方式有效地解决这个问题：

◎ 通过截图，进行后期的二次构图。如这一张照片，伦敦的热门景点，不少的游客，距离我不远处，还有一个卖艺的街头表演者，围观表演者的人也算不少。甚至见到我拿出三脚架和单反，表演者用麦克风大声对我开玩笑，“你现在在拍的可是一个名人呢！”他以为我在给他拍视频。当我开始自拍，甚至还有不知情的印度游客站在我身旁拍照……

◎ 早起！提前查看日出时间，清晨的时候去拍照，往往游客比较少！

▲ 随时随地找乐子也是一种与环境互动的方法，旁若无人地跳舞，大笑。

第2章

『千分之一的美女』自拍初级教程

或者在无人的街角，发扬自我娱乐精神，充分利用环境的现成模样，想一些有趣的事情。

独自旅行，和每个早餐摊主搭话问这什么味那什么名，向每个擦身而过的晨练老人善意微笑，在街角蹲下身抚摸野猫，向建筑工人问早。像是个什么都没见过的新生儿，恨不能通通塞到口尝个遍。在迷路和不预期的大小事故里，熟悉并且解读一座城市。干尽好事坏事傻事，然后奔逃。

日落前，走在海港。

停下脚步，深呼吸，舒展双臂。

无所牵挂，无所忧虑，四肢健全，能哭能笑，活着真好。

TWO

第2章 『千分之一的美女』自拍初级教程

坐下来，放轻松，忽略照相机的存在。

享受独处的时光，相由心生，这些美好无须摆拍，自然而然会显现在表情中。

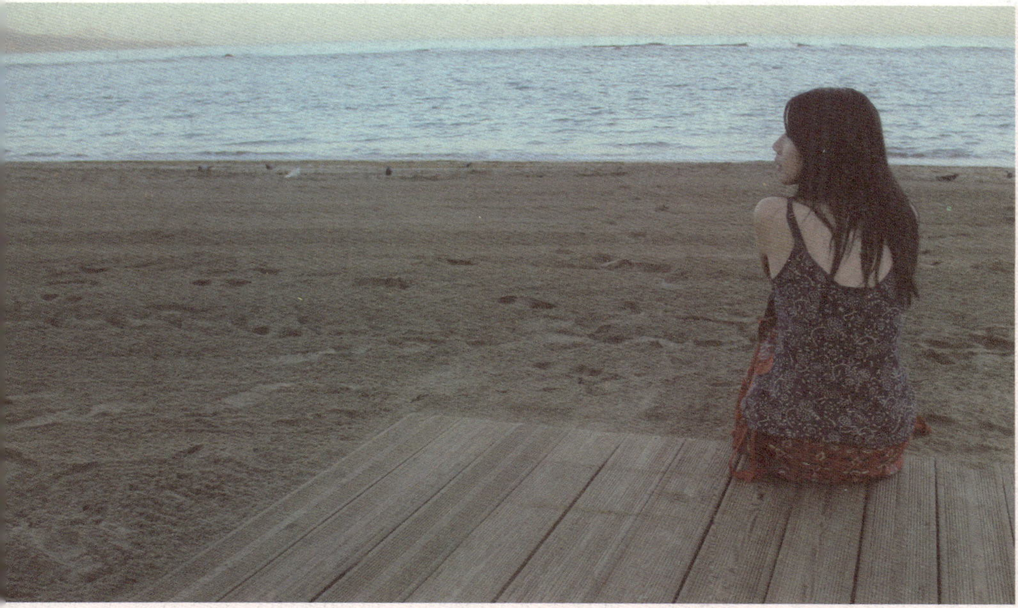

脑补画面的幻想力

我们看书，看电影，看话剧，都是为了停下脚步，在别人的故事里做梦，等一等自己疲惫的灵魂。同样的，自拍也是做梦，一场自我幻想成为现实画面的梦。

到陌生地方，与陌生人交谈，走在无人的街道，欣赏异域风景，独自一人的旅途，经由一部相机、一个三脚架，带来无穷的乐趣。

丰盛的内心世界，将带领你勇往直前。

每当遇到伤害，幻想使人后退一步，不再钻牛角尖，不再自怜自哀。时间慢下来，心存希望，获得抚慰。一股热情，一股表达，一股冲动，仍然年轻的标志。

三脚架摆好，拍照最好应该是看到最美或最有感觉的时候按下快门，如何确定你能完整出现在你想要出现的位置，并不

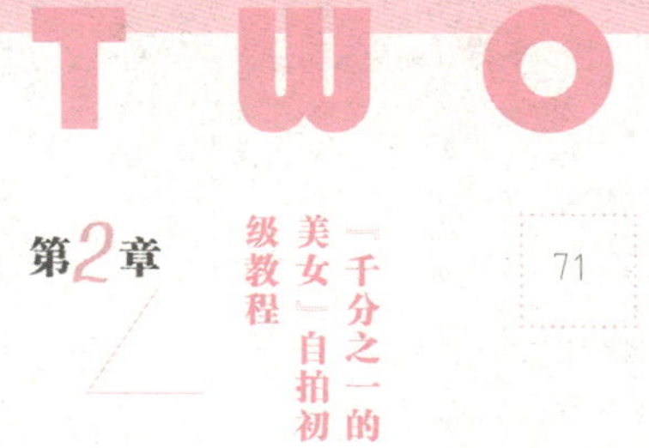

破坏画面感？是不是都要狠狠地脑补一下再确定怎么拍？

幻想是自拍需要锻炼的一项重要能力：见到眼前的环境时，早已在脑海中幻想出一幅人在画面中的模样。

自拍的步骤：

◎ 看风景。

◎ 观察风景。

◎ 欣赏风景。

◎ 幻想自己出现在其中的画面。

◎ 在强烈的冲动下搭建三脚架。

◎ 摆放单反。

◎ 设定数值。

◎ 按下快门。

◎ 人站在镜头前，与美景互动，演绎所幻想的画面。

◎ 回到三脚架处，浏览刚拍摄的照片，不满意则重新来过。

十秒十连拍，拍了三四百张正面照、侧面照和跳跃照，结

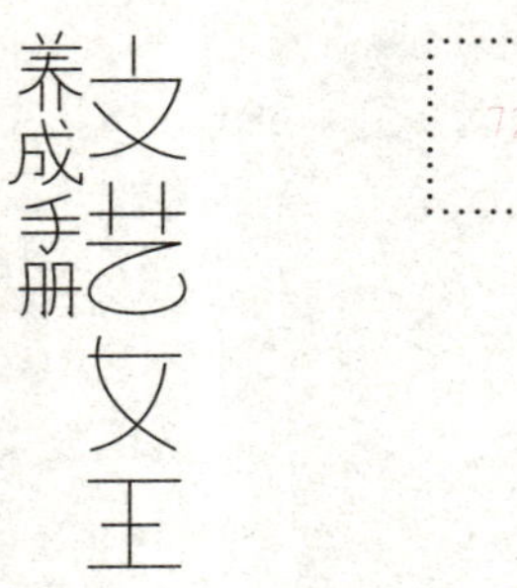

果只有两三张是顺眼的，还居然是无脸照。身为“千分之一”，任重而道远。不要去追求大片的影子，也不要太注重相机的专业性，先拿你现在的相机开始拍，怎么拍都可以，拍完后在电脑里一张张看，你会逐渐产生感觉的。

摄影直觉如何培养？可以先从面对景色，脑海幻想一张照片开始。

这张照片的拍照机缘说来有趣，这是一个小镇，每小时仅两班火车，当时我来到站台，发现刚错过了一班车，闲来无事，天气难得的好。这段日子，出太阳的日子屈指可数，即便在夏天也往往阴云密布，体感微凉。

这天，阳光灿烂，温暖宜人，于是我走出火车站，在四周散步，进入一片森林。我的第一反应是太美好了！幻想自己站在树林中，双手举起，呼吸微甜的空气，表情怡然。

在一片翠绿色中，我摆起了三脚架（随身带塑料三脚架的优势）。本来想要一张唯美的照片，可惜正脸拍了几百张，都像是“到此一游”照。于是尝试着摇头，终于找到一张很有感觉的，尤其巧合的是身后出现的光晕，如同隐形的翅膀！

看到这面墙，看到墙角的路牌，看到一边的路灯和禁止行车标志，在镜头里，已经构图完毕，只差行走的人。

将相机放置于桌角，垫在书包上，调整镜头角度。
我一直想要这样一张照片，幻想中，女孩闭上眼，乘坐时光机，去她想象的未来。

蓝天下的白衣少女！整个人躺在地上，面对蓝天。把相机放在距离1米内的地面，确保人在镜头的中间或2/3处，此时，发现相机的位置过低，但是如果支在三脚架上又有点高，于是，我把相机搁在了随身书包上。自拍久了，发现书包是一个不错的三脚架替代物。

内心的武侠梦，终于实现。我看到这个屋顶的第一反应就是这样的一张照片。
三脚架不用撑到最高，一方面屋顶风大，容易被吹倒；另一方面地面不平。
按下快门，提起裙子，奔跑去屋檐时，谨防绊倒。

日常生活的自拍指南

摄影是一件多么有趣的事，同样的地方，看的角度不同，按下快门时的心情不同，得到的照片也是千差万别的。

不得不与人分享经验的时候，费尽口舌，倒不如一句——“唔！对，这就是我要的感觉。”

照片的意境来源于故事。

其实，站在别人的镜头前与站在自己的镜头前，感受完全不一样。

当面对的是自己的镜头时，往往不会恐惧，不会尴尬，不会不安，摆 pose 时不会去想“摄影师会不会笑我”“我看起来会不会特别傻”，尤其，自拍适合内向的人，也适合控制欲稍强的人，不喜欢任人摆布的人。

而且，作为站在镜头前的模特与按下快门的摄影师，感受也会不一样。

视角不同，处境角色不同，做到互相体谅，实属不易。模特无法看到自己的模样，无法看到在整体环境中的效果，如果缺乏沟通，更难以知晓摄影师想要的是什么；摄影师虽然纵观全局，可以四处走动，甚至上天入地（爬梯子、躺地上），但是，他不站立于模特的位置，难以感知模特此刻的情绪，若摄影师语言表达能力较差，则无法得到所期待的表情，无法得到所期待模特与景致共同演绎的画面故事。

作为自拍者，简单来说是面对自己镜头的人，也是模特与摄影师的合二为一。既是演绎者，同时也是纵观全局者。脑海有构思，在创造灵感的推动下，冲动来临，直接化作执行力，无须再经过言语、肢体的一系列过程，无须担心误解、时间成本等的搁置。自拍者成为将军，手中的单反与三脚架则是爱将，从来不罢工，从来不懒惰，从来不退缩，单枪匹马，与你闯荡流浪。

祝你和照片上一样，过得都很好。

不是因为无聊才拍照，更不是因炫耀而拍照。

生病的时候，快乐的时候，忙碌的时候，为自己按下快门，像是某种纪念仪式。

怎样才能使拍出的东西有意境呢？

再多的构图技巧，再甜美的笑容，都比不上每次拍照前快速地问自己一遍：为什么拍这张照片？有故事，有内容，往往这样的照片就会有意境。不然就只是单纯看起来很美的美照，如此而已。

◇ 对你来说，它的意义是什么？

◇ 你能不能讲出一个关于照片背后的故事？

◇ 如何用自拍记录日常生活中的美好琐碎？

旅行途中，精神振奋，原本稀松平常的一切，似乎都戴上了面具，模样改变，我们如同新生儿，好奇地睁大双眼，举起相机，进行一场猎奇游戏。回归生活，何不抱着同样的好奇心，带着相机去发现那些平凡的美好。

不一定需要旅行才能拍出好照片，摄影的意义在于发现美的能力。

生活之中，一处天台，一个小玩意儿，我们成为自己的摄影师，所有美丽的景致，所有有趣的物件，每个瞬间的感动都能够被留存。

越是爱上摄影，越是发现生活里那些习以为常的画面，换个角度看，其实都孕育着美。尤其是每当离开一个熟悉的城市或国家时，记录下的那些在当时的平凡画面，在往后的日子里，它们闪耀了，故事越来越厚重。

那是一种见证，也是当时的记录。

尝试生活的情趣之美，然后融入其中，自拍有利于重新激发你对生活的热爱。可以是坐火车时无聊的突发奇想，也可以

是日落的逆光。

失落的时候，关掉手机，远离电脑，穿着最喜欢的连衣裙，带上微笑。

去！拍！照！

▲

技巧1：只露出眼睛，出现在图片的下方中间。图片的主体部分，可以是美丽的风景，可以是广告招牌，也可以是蓝天或者白墙。

技巧 2：借助道具，譬如书、一罐酸奶，增添生活色彩。

技巧 3：坐在路牌下，人位于图片的右下角，好奇地朝上看。

技巧 4：坐在天台或者任何台阶上。

技巧5：假想一些故事。譬如，捉迷藏的孩子……

技巧6：趴在整洁的书桌上。

▲

技巧 7： 低头做事，不理会相机的存在，记录生活的点滴。暖气十足的屋子，泡一杯热红茶，坐在窗口，整个世界都安静了。

TWO

第2章 「千分之一的美女」自拍初级教程

我的照片故事（1）

刚到广州的时候，每天压力很大，嘴角越来越向下。

N也在广州工作，两家公司离得近。有时，我们一起吃午饭，下班后继续约见茶餐厅，我吃着晚餐，他带着电脑开远程会议。任何不开心的事，只要和他一起聊天吃饭，很快就会被遗忘。大概最根本的原因是N比我过得惨，压力更大，总是加班，总有做不完的事情。

有一天，N送给我一部胶片相机。

他说："当你心情最糟糕的时候，按下快门，记录下那个时刻。"

想当然，我以为这里面的胶卷很快会被用完。

可是，到如今已经快四年了，其实，我连一次快门也没有按下去。

"心情最糟糕的时候"是什么时候呢？

每当我情绪低落，思考该不该按下快门时，可是，仍然有解决的办法，哪怕暂时不知所措，我知道我需要的只是好好睡觉，吃一顿好吃的，虽然事情无法解决，但至少我的心情会改变。所以，完全没有心情最糟糕的时候。

N说，胶卷过期后，拍出的照片会有时间的味道。

那么，从现在开始，每当心情最快乐的时候，我按下快门。

应该会很快拍完这十张照片吧！

我的照片故事（2）

藏历年期间，刚好我正在西藏的波密地区采访。西藏地区过年的时间与汉族不同，因此，在过完热闹的汉族新年后，来到这片高原土地，我又庆祝了一次新年。

拜访村主任的路途遥远，从镇上坐车，两个小时，绕着山，行驶在原始的泥地石子路上。倘若下雨，水洼时常卡住车轮，乘客们全部下车，一起帮着推车，路过的车见到也会停下，车里人下来帮着推，这温暖的情景十分常见。

走进村主任家，虽然是白天，可是房屋没有窗户，只能点亮蜡烛，隐约看得清大家。

村里的治安员也在，他不是本村人，性格开朗，喝酒爽快，很快融入村民之中。

治安员看起来只有二十几岁，年轻人紧致的脸，尚未被香烟老酒所摧毁的强壮身躯。

村主任已经微醺，见到我，拉着众人过来，倒了满满一杯青稞酒，带头唱歌，那是一首我听不懂的藏语歌，一边唱，一边跳起舞来。

“扎西德勒！扎西德勒！扎西德勒！”

歌唱完，似乎还不过瘾，在村主任和治安员的带领下，一群人跑到院子里，围成一圈，手拉着手，继续大声唱歌，放肆跳舞。

大人们喝酒，小孩们也有庆祝方式。村主任家的孩子们都是男孩，一共四个，他们举着汽水瓶，豪迈地举向天空干杯。

临走前，我亲吻了其中一个年龄较大的男孩。

吃饭时，他很羞涩，却总是坐在我身旁。

我的照片故事（3）

巴塞罗那的夏天，一个大家都在睡懒觉的礼拜天。

刚从中国结束假期，飞回西班牙继续工作，第二天由于时差早上六点醒来，再也无法入睡，起床，冲凉，倒了一杯牛奶，满满的营养谷物，拿着汤匙往嘴里大口大口地塞。所有人都在睡觉，因为星期六的夜晚从来都是派对的好时机。一切静悄悄的，我听见嘴巴里，脆谷物被牙齿咬碎发出的声音。

那时候，在中国摘完牙套不久，西班牙的同事朋友们尚未见过2.0版无钢牙的我，我也同样对没戴牙套的自己感到陌生。陪伴两年半的满嘴钢铁，心心念念早日摘除，真的这一天来临，却不舍。

早餐后，独自出门散步。

在我家楼房一旁的花园里，邻居种了多年的芦荟越来越粗壮，不知名的其他植物翠绿得好看，上面的露珠晶莹。搭起三脚架，蹲坐在地上，像个找到宝贝的探险家，骄傲地举起叶子，对着镜头，腼腆的，微微的，小心翼翼的，露出牙齿笑。

腼腆的，微微的，小心翼翼的，露出牙齿笑。

像回到了小时候，绰号是土拨鼠的那个小女孩。

我的照片故事（4）

沈阳，呐喊书店。

一个梦想成真的夜晚。

在中国各地采访，沈阳站，热心的读者为我联系书店，举办一场公开的交换梦想。那天的活动没有结束时间，接近百人，从下午开场，一直聊到喉咙哑了，哈欠连连，我的隐形眼镜干涩到最后双眼发红。

老板性情中人，将书店钥匙交给我们这群陌生人。

那一晚，回不去的年轻人都住在书店里。

我睡在二楼的沙发上，不时被耳边的蚊子吵醒。

醒来，在书店的卫生间洗漱。

对于任何爱看书的人而言，能在书店过夜，在书店醒来，简直是一场美梦。

那天睡前，我坐在 CD 架前，自拍了这张照片。

纪念这场美梦。

我的照片故事（5）

纪念戴牙套的时光。

由于自卑，只敢一个人在房间的时候咧开嘴搞怪。

现在，成为珍贵的纪念。

拍照，为了记住此刻的模样，抵抗时间的自我欺骗，留存证据的最后挣扎。

当时的情绪，直到如今，越来越远，越来越淡。

那些故事慢慢不重要了，慢慢忘记了细节。

所有的照片都会成为老照片，所有的此刻都会成为将来的过往，所有现在的风起云涌都会成为将来的云淡风轻，我不想还没有年轻就已经老去，我不想还没有美丽就已经凋谢，但是，我清楚明白，眼角的皱纹是不可逆的，衰老是一把刀，搭着时间的顺风车，毫不心软，割在我的身体上。

正如此刻，端详六年前刚开始自拍的模样，照片上稚嫩的脸已经改变，时间是看得见的，欲望是看得见的，吃的饭走的路看的书是看得见的。

一路下来的自拍，当按下快门的我成为他者，当站在镜头前的我成为被研究者，其实可以定义为一场长期的人类学自我观察。

学会自拍之后的一些改变

不知不觉，你会发现自己竟然会使用各种器材了，也从美图秀秀过渡到了 Photoshop 软件。

从全自动模式开始自拍，并不丢脸。

拍多了到后来逐渐会发觉没劲，就开始端详机子了。

我也曾经不清楚为什么在相机里还有 TV 模式 \AV 模式，感觉很多余，顶多用到场景选择。后来因为想要学习拍逆光，想要知道什么光线用什么 ISO，就自学使用 M 模式。发现并没有那么难，也没有那么高深，更不需要背诵什么“真经”，用得多了，对于数据自己也就有了第六感。

由此可见，一个人有了无穷兴趣后，那股学习动力也是无穷的。

第2章 「千分之一的美女」自拍初级教程

学会自拍后的一些改变：

◎ 出门养成随身带包的习惯，包里一定有照相机，有三脚架，有一块备用电池，有一盒 SD 卡。

◎ 感知力变得敏锐，身处任何的环境，随时随地捕捉那些美好片刻，发现了不少鲜为人知的好地方。见到的画面不再仅仅是眼前的模样，每一次眨眼，如同按快门。

◎ 一个人旅行，因为有相机的陪伴，不再感觉孤单。有时还能由于摄影的缘故，认识可爱的同道中人。

◎ 被别人拍照的时候，明显感觉更自信，更有镜头感，与摄影师的交流更顺畅。

◎ 不再乱买衣服，购置衣物的眼光提升，对于自己能驾驭的款式有所了解，甚至有了独特的自我形象。

◎ 遇到烦心的事，不会再钻牛角尖，面对镜头，眉头立刻舒展，停下来，放下手头的事情，深呼吸，欣赏沿途风景。

CHAPTER

文艺女王
养成手册

TWO

第2章

『千分之一的美女』自拍初级教程

◎ 抱怨少了，心态好了，每当自卑或者无比沮丧时，翻看曾经拍过的照片，知道这一路走来，自己越来越美，越来越好，越来越自信。

CHAPTE

文艺女王

养成手册

omnipotence

R THREE

第3章

自拍的万能秘籍

有一次，在北京。

一个女孩问我，每次拿出三脚架，在许多人面前蹦蹦跳跳，不会害怕被人认为是神经病吗？

于是，我从包里拿出随身的三脚架和相机，“姑娘，你和我就在这当着一群人的面拍一次试试。”

我无法得知，在那以后女孩是否依然害羞。

已经这样给自己拍了七年照的我，认为是神经病就神经病吧！

这些照片正因为是不怕出丑地拍了下来，成为了一辈子的纪念，相对而言，路人稍纵即逝的指指点点就显得无足轻重了。

给自己拍照，也能够锻炼独立精神，不再总是想着出门要有人陪伴，即便依然没勇气一个人出门，宅在屋子里给自己拍照，也算是个小小的消遣活动。

至于有人说，单反太贵了，如今卡片机越来越便宜，手机也有相应的 APP 可以自拍。

不过，省下生活费买一部单反，拍照实在是个省钱又陶冶情操的可持续爱好。

身边有一对小情侣，没有钱约会，拿着相机，给彼此拍照，在所生活的城市，寻找那些被忽略的细微温暖。

万能的取景地

万能取景地 1：草地

绿色在画面中帮助配色，同时，草坪上能拍出许多清新的画面，展现闲适的心情。

万能取景地 2：天空

以天空作为背景，能拍出许多有创意的大片。

北极村的天空，闻起来是甜的。

抵达后的第一个早晨，过分激动，日出前已经起身，穿戴整齐，出门散步。

太阳升起，迎着风，抬起骄傲的下巴。

万能取景地3：海边

蓝天，大海，沙滩。阳光下，适合拍照的好地方。

万能取景地4：屋顶

屋顶往往没有人，空旷，视野宽广。

万能之最的取景地：森林

森林色彩往往单一，如果后期加一层绿色的滤镜，轻而易举就能拍出清新风格的相片。拍摄时，呼吸着绿植的新鲜气味，心情爽朗，照片中的表情自然也会如此美好。

尤其，在森林中自拍的好处是，无人！

森林自拍技巧一：对焦在树上，然后与树产生一段对话。可以环抱着树，也可以倚靠着树。可以盘腿打坐姿势，坐在树下，也可以躲在树后玩捉迷藏，故意露出一双好奇的眼睛。但要注意的是，不是任意选择一棵树，而是选择被阳光照射到的，除非你想拍的是阴森恐怖片。并且，确保脸部被阳光照射到，即使只是鼻子，或者眼部区域。

森林自拍技巧二：文艺的半身侧脸肖像。

向下看，向上看，平视。光圈数值在 2.0–2.8 之间。

森林自拍技巧三：发挥想象力，以舒适的方式演绎照片。

譬如，躺在地上。如果僵硬地直挺挺地躺着，腰板酸痛，头晕，整个人也难受，因此可以一只手撑住头，一只腿弯曲。不但自己感觉舒服了，看照片的人也会感觉舒服。

森林自拍技巧四：

这也适用于其他的场景，如果拍照时，感觉怎样都不对，人不在状态，那么，可以借助道具，譬如用树叶挡住嘴巴，或者双手捂住嘴笑。

森林自拍技巧五：躺在落叶堆上。

利用三脚架拍摄俯视的照片。需要注意的是，一定要确保三脚架稳固，不然，被单反砸脸真的很痛（个人经验）。

最后，提醒一下，在森林拍照必须注意个人安全。

◎ 不建议赤脚，被树木扎了会很糟糕，即使站在草丛上也万分疼痛。

◎ 不建议穿裙子，容易被树丛钩住，然后绊脚，也容易被昆虫叮咬。

◎ 不建议进入深邃浓密的草丛，你永远不知道里面有什么动物，也许有毒蛇，也许有蜥蜴。

◎ 不建议雷雨天拍照，哪怕阴天也不建议，拍出的照片会显得阴森，同时也不安全。

万能的构图参考

构图一：人在画面的中下方，露出侧脸，或者半身背影（适用于恢宏壮阔型风景）。

画面效果适用于所有风景，荒原、大海、高楼大厦……

漠河，中国的最东北。

在候机厅，一面巨大的落地窗前。

如果见到了太美的风景，但是时间仓促，该如何拍照？
这是我第一眼见到冰湖的感慨。
远处宏伟冰川消融，冰山漂浮，融化成湖。天阴沉沉的，风吹得头疼，雨滴打在脸上冰凉，一手握着单反，一手握着三脚架，已经失去知觉，太冷了。
三分钟内，放置好三脚架，取景，设置参数，跑到镜头前，十秒十连拍，大概来来回回 15 次，必须跑回车里，不然身体无法承受。
所以，那就背面或侧脸吧，最容易成像的角度，不需要太在意表情的那一种模式。

构图二：人在画面的左下方或者右下方（适用于密集细腻型风景）。

走在大理街头，见到繁花、石墙、木桌，我的脑海立刻幻想出照片中的模样，惬意地坐着，仰起头，眼睛微闭，不用等待任何人，当下与自我的一场约会。

然后，我在对面的马路撑起三脚架，行动。

原图的画面没有重点，并且色彩有点多。因此后期截图，进行二次构图。
等车的女孩，半身照，位于画面的右下角。

山顶，风景很美。人站立于左下角，融于风景。

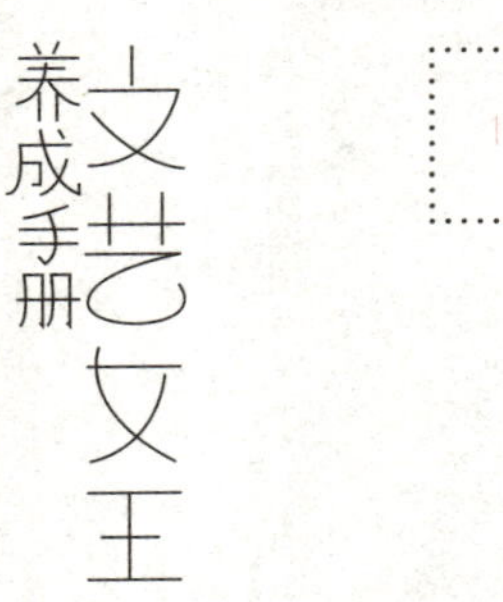

构图三：拯救无构图的照片。

▲调整后

原图

构图时，如果三脚架歪了，后期发现地平线倾斜，但是在调整之后，却又影响了图片的整体美感，最糟糕的莫过于脚的“被消失”。

保持原图，画面奇怪；调整后，画面更奇怪。遇到这种情况，该如何解决？

分享一个简单的小窍门：

拉直地平线后，保留照片的边边角角，多余处留白。

灵感来自拍立得。

对焦的五种方法

过去常被人提问，该如何对焦?

我的答案非常简洁：无须对焦。

之所以如此潇洒，只因为使用的镜头是最基本款，对于光圈需求不大，也不追求对于单反相机的数值掌握，全部自动挡。况且，在很长的一段时间，我仍然挣扎于镜头前的自信、拍照的灵感、幻想画面的能力等这些精神建筑中。

照片拍得多了，对自拍逐渐开始严肃对待，于是换了镜头，学习使用大光圈。对于如何自拍时对焦，似乎也由于过往的经验，上手很快。

最初是七年前的自拍，对相机毫无概念，卡片机随意乱按，渐渐地才开始一步步进阶。首先，意识到了照片大小的重要性，前期乱拍无所谓，但是后期面对电脑重新剪裁时，问题来了，

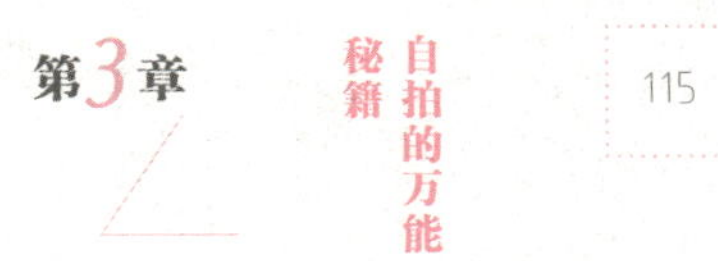

卡片机拍出来的照片原本就小，经过剪裁之后，放大看，简直模糊得不行。

接着，意识到了根据不同光线调整数值的重要性。依赖全自动模式的第四年，对手中的单反越来越熟悉，即使懒到不读说明书，不询问他人操作指南，平时有事没事好奇地拨弄每一项功能，也就对数值和选项有概念。

现在，根据各个场景，M 模式熟练操控之后，对于光圈前所未有地产生了浓厚的兴趣，在六年之后，换了一个镜头，不再使用最初级的标准镜。于是，对焦越来越成为眼前的一个问题。

站在镜头前不远处，我是清晰的，铁塔和我对比，它是模糊的，中间的小广场介于清晰与模糊之间。从视觉角度，这样的照片更有立体感，也更能胜任无声说故事的任务。

在拍摄的时候，将三脚架放在台阶上，人往下走四个台阶，按下快门时对焦点在中心，人也站在中心点。这个过程非常简单，唯一考验的是手臂的长度。

F 模式设置的数值越小，对焦的对象越清晰突出，所以，为了拍出好照片，和以往相比，难度增大。最常见的对焦方法：人面对镜头，站在正中间，伸出手臂，按下快门时，恰好对焦在自己身上。

方法一：

最普遍的，对焦点设置为中心，人站在镜头前，伸长手臂，按快门，自动对焦后，站/坐于原地摆动作自拍。

方法二：

若有同行的朋友，可劳烦对方帮助对焦。

若独自旅行，可劳烦其他游客，尽量选择那些手拿单反会拍照的人。

若游客是个老奶奶，对相机一窍不通，邀请老奶奶站在镜头前，以其为参照，帮助对焦。

这是我在贵州山区，途中遇到的老奶奶。

不过，和陌生人拍照，作为人的自然反应，能从照片看出来：她紧张，我也紧张。

方法三：

使用快门线，手机APP，或是自拍遥控。

个人不推荐此方法，如果你也是大部分时间穿连衣裙，身上没有口袋，那么，手里拿着一根线、一部手机、一个小遥控装备，或多或少总会影响画质，而且姿势奇怪。

方法四：

拍照前，站在镜头后，对焦在某个参照物上，树木、电线杆、座椅等；然后按下快门，人跑到该参照物的旁边。

如这张照片，对焦在杯子上。

方法五：

面对天苍苍野茫茫，没有参照物的广阔大自然，可以以自己身上的物件作为参照物，如背包、矿泉水水瓶，在拍照的时候，用身体挡住物件即可。

但是，如果什么参照物都没有，如何“徒手”对焦？

拍照前，站在镜头后，人朝前仰，伸长胳膊，对焦在手掌，按下快门，然后目测距离，人跑到手掌等距的地方。

探索手机遥控

使用手机遥控的优点，对焦完全不是问题，快门速度、ISO、光圈的数值直接在手机 APP 中调整很轻松，并再也不用为了按快门不断奔波。

缺点是：

◎ 手机屏幕比较小。

◎ 回看上一组照片用时长。

◎ 拍照时手机不知道放在哪里，手握着手机很尴尬，画面容易不自然。

◎ 手机耗电快，必须随身携带充电宝。

◎ 只能通过手机看相机取景，有时难以掌握构图。

事先准备：

◎ 三脚架。

◎ 电池板两块。

◎ 手机电池充满。

◎ 充满电的充电宝。

◎ SD 卡两张。

F1.8 使用手机 APP 遥控，对焦很棒，画质有了飞跃。我将手机藏在双手的中间。

手机遥控 APP 拍照时，面对镜头，摆放手机的技巧：

◎ 藏在袖子里。

◎ 藏在内衣里。

◎ 弯腰放在地上，但是确保站起身的时候没有移动。

◎ 拿在手上，摆出拍照的姿势，或者低头查看手机的模样。

◎ 拿在手上，双手自然下垂，不出镜。

以上适合那些穿裙子入镜，当然，如果你穿有口袋的衣服，肯定是放口袋里。

CHAPTER

文艺女王养成手册

仍然是F1.8，手机遥控对焦。

逆光时的摆造型技巧：

◎不要正脸面对镜头，脸会一片漆黑，不唯美。

◎侧脸，向上仰，在拍照的时候可以微微晃动身体，会得到意想不到的阳光质感。镜头感如果不强，可以依靠面部感应到阳光，如果觉得脸上温热，被阳光抚摸，那么角度差不多是正确的，只是注意脸部的光不要太强，画面中会把整张脸吞掉。

◎对焦很重要，使用光圈数值1.8。

◎半身肖像最佳。

◎逆光的好处是无任何妆容依然美丽，但坏处是五官会模糊。

百搭的上镜道具

手拿相机，表情专注看镜头，或无意望向远方。

道具一：相机本身可以作为道具。

第3章 自拍的万能秘籍

手里拿着相机，瞬间使照片增加了文艺感！

道具二：公仔娃娃或者小动物。

好友每天睡觉前抱着的小羊。

与两条大狗晒太阳。

被拜托照看的兔子，超级肥胖的小生物！

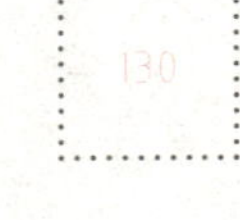

蓝天白云，度假的美好时光

面对大海、蓝天、青山，这样美丽的景致，如果不拍一组照片留作纪念真是可惜。

当然，为了能拍出海阔天空的愉悦，要确保这片区域的游人较少。

在出行前，推荐准备白衬衫，以及一套白色连衣裙，可以是带有刺绣的华丽款式，一定是大摆长裙。

轻轻一跳，自然就好。

按下快门后，迅速奔向岩石。唯一的难度是，十秒钟内需要完成许多动作，并同时保证表情的正确性，头发还要干净利落。双手撑起，一下子坐上岩石，立刻站起来。整个过程表情保持微笑，做不到的话，至少保持轻松，勿狰狞。看着镜头，容易产生“到此一游”的老套感。

记住，首先要保证岩石的宽度适合跳跃、奔跑等危险的动作，也要保证另一端不是深不见底的大海，或者万丈悬崖。不过，我仍然挺小心的，因为拍这张照片的时候，另一端是岩石沙滩，高度在1米左右，掉下去还是会挺疼。

跳起的时候，放松，轻轻一跳，自然就好。

不需要笑，也不需要瞪大眼嘟起嘴的可爱表情。

在哪个位置跳起来，这一点需要有一定的自拍经验，要对镜头有感觉，能够在不看相机成像屏幕的情况下，对于人在照片中的位置有预判。

在这里，赤脚会使画面更具有自由的力量。

更何况，无论穿着什么鞋，都难以搭配这样朴素的景致，不如不穿。

光圈 1.8，人靠近镜头，保证按下快门时对焦在脸上。侧过身，脸正对太阳，照射在下巴的部位，以保证嘴部、鼻子与额头的弧线清晰，不被阳光“吃掉”。由于面对太阳时眼睛疼痛，推荐闭上眼，嘴巴微张，享受宁静的景致。

每一张年轻的面孔，每一个表情，因为时光的不可逆转，总是美好的，哪怕背影其实也是上镜的。保持自信，青春万岁！

唯美照片中，少不了侧脸照。拍侧脸有许多不同的类型，譬如，抬头的侧脸、低头的侧脸和这张照片中平视的侧脸。抬头的侧脸较为百搭，是万用造型。低头与平视，需要看场合与意境。尽量避免完整的背影，露出下巴，或者侧脸。因为白裙、披肩长发容易令人联想到鬼片，所以说，唯美与恐怖只是一个转身的距离。分享一个窍门，如果海风微弱，拍照时可以身体轻微移动，头发会随之自然飘扬。

细节！有时不一定需要露脸，也不一定需要全身照片。反而裙角、锁骨、脚踝，都可以是不错的主题。当然，光圈数值一定要小，形成景深，画面才足够细腻。

如果你不是受过专业训练的模特，表情库有限，难以瞬间给出甜美笑容或者容易羞涩尴尬，请记得回避正脸。但你又不甘心总是背影，可以选择如此：侧脸多一些，露出 2/3 的五官，眼睛不要看镜头，也不宜平视前方，否则镜头前会出现太多眼白，那么，看着相机旁边的树或者电线杆即可。

总结：在蓝天白云的环境下，怀着度假的心情，舒畅愉悦，因此，很适合拍摄唯美写真。哪怕没有摄影师，只要有一部单反，一个三脚架，甚至不需要三脚架，你都能为自己拍出美好的照片。

以下是零散的需要注意的几个要点：

◎ 如今，相机更新换代快速，其实自拍只需基本功能，大部分的入门级佳能单反能够满足要求。因此，宁可把钱花在镜头上，买一组光圈在 2.8 甚至 1.4 的镜头，使照片看起来更加细腻。

◎ 披散长发的造型，记得梳头，自然垂顺就好，不建议临时烫卷。

◎ 站得稍远一些的时候，手臂不够长，无法对焦，可以镜头朝下，先对焦在将要站立的地面上，最好能有标记，譬如某块颜色不同的石头，或者放一个矿泉水瓶。然后，摆正镜头，但不挪动相机原本的位置。

◎ 阳光灿烂的好天气要多拍照。多云、阴天以及下雨天，没有阳光的时候，照片的感觉会改变很多。

◎ 穿白色连衣裙的时候，记得穿白色内衣裤，确保在逆光拍摄中不会走光。

CHAPTER

文艺女王养成手册

City of Light

R FOUR

第4章

如何在巴黎自拍一组美照

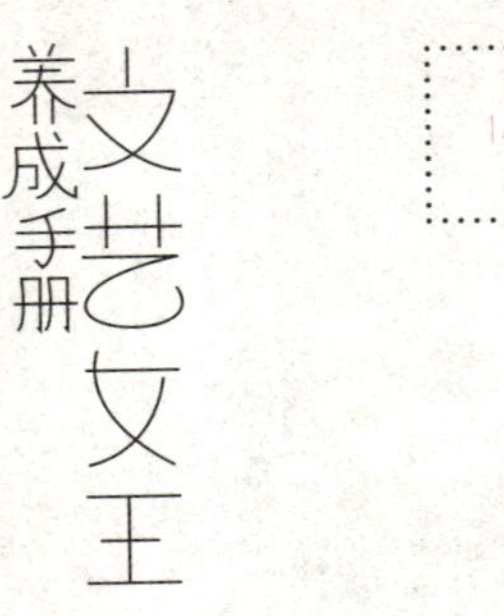

能在铁塔前有一组美美的照片，算得上是每个女孩内心的小梦想，堪比穿着华丽的雪白婚纱，美好的妆容，双手捧花，含蓄微笑，走在幸福的红毯上。

至于穿什么样的衣服入镜，扫视一眼衣柜，不能过分华丽，铁塔本身简单，穿得稍显隆重，容易喧宾夺主；不能过分随意，这组照片的目的在于留存一份年轻时的美好向往，因此，穿着至少不显廉价。这样看来，最难的地方即分寸的拿捏。

旅行自拍最艰难的一步莫过于整理行囊时，选择要带的衣服了。往往衣柜打开，瘫坐在空箱子旁，无从下手。对于已经有过外出拍照经验的人而言，穿错衣服是都曾经历的痛。

民族风的花衣花裤，若出现在大西北的荒郊野外，天苍苍野茫茫，不由言说，自然是好看的。但当这一身打扮出现在北上广的林立楼宇之间，过分巨大的反差，怎样拍都不合时宜。

我突然想起，去年的时候我在一家独立自制连衣裙的网店

第4章 如何在巴黎自拍一组美照

购置了一条大红色连衣裙，款式极其简单：露肩，V领，大裙摆，背部有腰带可系蝴蝶结，价格仅一百元出头，拆开快递包装，连衣裙拿在手中，手感不错。

可惜的是几乎从未找到过机会穿它：外出采访的时候，大裙摆不合适走路，露肩款衣裙显得不庄重，更别提大红色；大红色出镜率太高容易看腻；如此招摇的颜色不易融入四周环境。

由于找不到机会穿它，在过去的一年里，这条大红裙沉默地躺在衣柜的角落。唯一一次重新唤起对大红裙的记忆，要去海岛旅行，明媚阳光，白色的沙滩，碧绿的海洋，念头一起，但很快又被否定，红色在这样的景致下，基本一张照片足够了，满满屏幕如此，实在叫人腻味，不如简单的棉质白裙，甚至任何的鞋都显得多余，赤脚足够。

巴黎，铁塔，夏日，大红裙……

这个画面在我脑海出现，感觉对了！

毫不犹豫，这条被冷落多时的裙子终于找到了它的命运所在，和我一起去巴黎，同时，作为候补，我带了万能百搭的纯白色连衣裙。

自拍七年，也算是面对过各式各样的场景环境，所谓的“感觉对了”可能初学者仍然无从理解，如果归纳总结，我尝试写出一些我所认为的规律：

◎ 当你面对衣柜犹豫了一个小时，直至崩溃，那么，无论去任何地方，白色连衣裙搭配白色帆布鞋永远是最安全的选择。

◎ 最上镜的颜色：白色、红色、蓝色。

◎ 长裙比及膝的裙子更有画面感，尤其对于身材不自信者、身高不高者。

◎ 拍照这件事，脑袋里能幻想很重要。出发前，穿上衣服，面对镜子，幻想出现在某地的场景中，自然也就会有一个大概的评判。

那么，需要带很多套衣服，然后换一套拍几张吗？

独自拍照时，从安全角度考虑，不建议随身携带过多的行李，也不建议不停地更换衣服。每次出发前，精挑细选一套最应景的衣裙即可。自拍容易误入歧途的一件事，那便是以为衣服越多越好。恰恰相反，自拍能够帮助自己不断提高自我认识，发现自己最适合的风格，发现最上镜的一套衣裙，有助于精简衣橱。最有趣的是，自拍到后来，会发现，最上镜的衣服往往款式最为简单，适合各种场景，譬如纯棉白色连衣裙。

摆出优雅的姿势

对于模特经验为零却又期许在镜头前拍出好看照片的女孩，如何摆出优雅的姿势，同时表情自然?

这是一件令人为难的事。

根据我早期的自拍经验，解决这一难题的最佳途径便是十秒十连拍，朝着相机狂奔。我开玩笑地说，这就是传说中的“千分之一美女”：一千张奔跑的照片，总有一张跑步姿势不别扭，外加咧开嘴笑得真诚可爱的美照。

假定拍照为一种日常之外非自然的状态，那么我的表情库实在有限：咧开嘴笑，抿嘴笑，以及闭眼假装睡觉。其中，若非奔跑，仅在静止状态下咧开嘴笑，往往脸僵，弧度奇怪，鼻孔撑大，眼睛眯成一条线几乎消失，难看得很。倒是抿嘴笑的

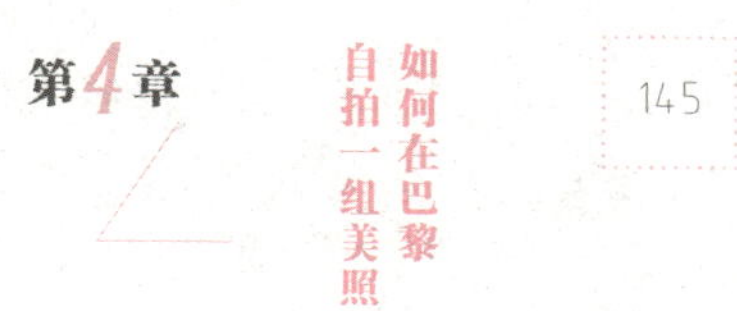

时候，眼睛瞪大，嘟起脸颊，嘴角弧度向上，只能说在所有的选择中，这是最安全的。

久而久之，这种表情成为了习惯，甚至作为笑谈，倔强抿嘴，万年一个表情。

自拍久了，研究照片，发现笑脸往往不那么真实自然，不知道从何时起，我开始致力于发展面部表情包。

大概身边的人往往更容易发现连自己都未曾注意的特质。曾经有个男孩告诉我，我微微张开嘴的样子其实是很性感的。由于遗传，我天生有两颗大门牙，即使当年戴牙套，也抵抗不了大自然的力量，平时自然状态下，我的嘴角微微翘起。

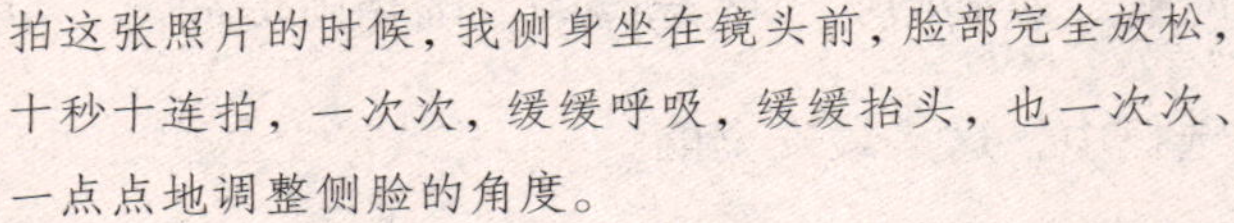

拍这张照片的时候，我侧身坐在镜头前，脸部完全放松，十秒十连拍，一次次，缓缓呼吸，缓缓抬头，也一次次、一点点地调整侧脸的角度。

在一百张照片中，得到最完美的一张：侧脸的弧度在蓝天的映衬下刚刚好，脖子伸着但看起来不累，眼睛微闭没有翻白，另外，由于有风，刘海的角度也需要注意，不要被吹得直立翘起，这和整体意境不相符合。

对比可以发现，在后期用 Photoshop 修图时，我只做了以下改动：

◎ 左手边的栏杆被（大致）删除。

◎ 右手边多余的绿植被删除。

◎ 加大高光部分的绿色饱和度。

◎ 色彩整体调亮。

离镜头远一点更有意境

在巴黎市中心停留两天，由于是带父母旅行，我预留给自拍的时间为每天早晨的六点半到八点。

也就是说，两天，一共三个小时的拍照时间。

铁塔算得上是巴黎游客最多的地方，拍出一套没有其他游客入镜的照片，几乎是不可能的任务。哪怕清晨六点半，当我扛着三脚架行走四周时，早已有三四对新人穿着婚纱拍照了。

不过，相比人满为患的白天，早晨已经姑且算是最理想的了。

哪怕后期修图技术高超，能将游客们一一删除，但是为了照顾自拍的情绪（自拍 = 自 high），仍然是在没有人或者少有人的时候最佳，肆无忌惮地奔跑与被众人围观时拍出的照片，肯定是不一样的。

这一张照片是在观景台拍摄的，我选择了远景，人与铁塔和谐相处。有时候自拍并不等同于有漂亮脸蛋、穿漂亮衣裙的个人写真，自拍也可以是另一种学习构图、学习风景摄影的途径。将人融入其中，没有到此一游的痕迹，仅仅是对美丽世界的纪念。

拍摄这样的照片，镜头中出现的对象越少越好，颜色也是越少越好，突出重点，才能讲述一个赏心悦目的好故事。大红色的连衣裙，蔚蓝的天空，翠绿的枝丫，铁塔在逆光下与植物带相呼应。侧过身，不看镜头，平视前方，轻轻抬起下巴；长发及腰，如瀑布散下，在晨光温柔地抚摸下，显出低调的金棕色。

由于不想拍出刻板站立的模样，我在十秒十连拍时，试图加一些慢动作，缓缓左右走动，这样抓到最完美的一张，双臂自然垂下，裙摆稍稍扬起，手部随着裙摆的方向悬置。

舞动的裙角

整理照片的时候，很容易分辨第一天和第二天的差别：蓝天。第一天，巴黎放晴，万里无云；第二天，巴黎阴天，天空灰蒙蒙的。

关于巴黎的天气，我早已有所了解，因此，阴天倒没有使我灰心丧气，其中大红裙给了我不少的鼓舞。为什么这样说?你如果也到这座浪漫城市，去纪念品商店浏览明信片即知晓。铁塔和红色是再搭配不过的了。印象最深的一组画面是，巴黎街头的黑白照，唯一彩色的是一双红色的高跟鞋或者一辆红色的汽车。

大概，阴雨蒙蒙的巴黎，高贵亮眼的红色，它们很搭配。

不过这组照片，在后期修图的时候，我没有选择勾出红色，其余变黑白的模式，而是尝试将青色滤镜数值加大。

FOUR

第4章 如何在巴黎自拍一组美照

为了拍一张这样的照片，我来来回回奔跑了不下50次。十秒十连拍的自拍，每一次都需要重新回到相机的身边按快门，这个时候，也是快速回顾先前拍的照片的好时机。在最初尝试阶段，我很快意识到，脱下鞋子赤脚奔跑，会将照片传达的情绪演绎得更强烈：拥抱自由。

脱鞋之前，我将地面大概查看了一番，捡走啤酒瓶碎渣，找到一枚一欧分幸运硬币。对了，有必要在这里强调一下场地安全的重要性，尤其是进行奔跑这一类动态的自拍，不要选择悬崖边，否则随时拍成遗照，不要选择过窄容易摔倒的小道，不要选择曲折不平致使三脚架倒下相机镜头砸坏的地方。另外需要注意，穿长裙跑步，慢慢跑，小心不要被绊倒。

自拍奔跑照片的时候，我特地选择了喷泉处，一层层的台阶，站在居中的位置，恰好铁塔也在中心处。选择的过道，两边台阶较低，即使摔倒也不会有生命危险。

我尝试过多种跑步方法：正面对着镜头跑，背身从镜头处跑向远方，背身跑时故意让侧脸在镜头中出现……选照片的时候，我发现正脸时笑得过分快乐；背过身跑步，故意露出侧脸，脖子曲线奇怪，看着别扭，侧脸也侧得不好看，眼神也没有抓到，常常是紧闭或者眼白部分太多。倒是背过身奔跑，双脚自然腾空，双手张开似乎要冲到前面去拥抱铁塔，头发由于奔跑被风吹起，这画面确实很美，很自由，哪怕只是背面。

这一张拍的是跑到小道上立刻停下的瞬间，我很喜欢这张照片，它是活的，有生命的。刚好，长发飞扬，背部被遮住的低V终于显露，背部腰带系成的蝴蝶结是这条红色长裙唯一的装饰。

和铁塔的理念是一样的，简单是美，少即是多。

加分的是，由于裙子的材质，在光线下，隐隐透出了小腿和双脚的轮廓。

来一张远景的，故意把铁塔放在左边，人在右边。同时换一个方向进行奔跑。

当时架好三脚架，按下单反快门，无意一瞥，路边有三五个游客在看着我，表情是友好的，应该是好奇我究竟要在镜头前做什么，或许他们已经驻足多时，只是我未曾发觉。由于换一个方向奔跑，也就是要换一条道，当我到了交叉口，发现是一条窄得跑步会有危险的小路。加上有人围观，即使身经百战，也为心不安，于是我只是站在那里，用手轻轻拉起裙摆，然后缓缓左右摆动。原本想着出来的照片肯定都不能用，没想到结果还不错。

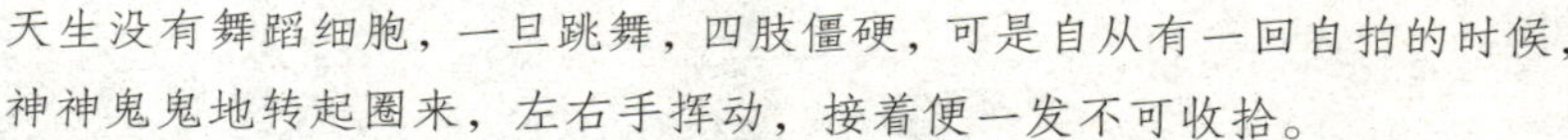

天生没有舞蹈细胞，一旦跳舞，四肢僵硬，可是自从有一回自拍的时候，神神鬼鬼地转起圈来，左右手挥动，接着便一发不可收拾。

奔跑之外，我又找到了另一种可以捕捉自然姿态的好方法：舞动吧，少女！

这张照片虽然脸部被遮挡，但是毫不妨碍我对它的喜欢，仔细看来，颇有苏菲教派正在跳旋转舞的模样，区别是苏菲教派越是旋转，越是晕眩，越是接近真主；而我呢，越是旋转，越是晕眩，越是自 high 得大笑连连。

站在铁塔远处，甩起大裙摆，短时间内，如果来不及将手恢复原位，则留在裙摆上，能够显出一种自然放松的状态。

FOUR

第4章

如何在巴黎自拍一组美照

155

独自去拍照，随身携带的行李越少越好。保证安全，也同时留存体力用于拍照。毕竟，又跑又跳，其实很累。因此，不推荐频繁替换衣服。

如何穿着同一套衣服，甚至面对同样的场景，每组照片却不重复，看不腻，不断带来惊喜？

这时候，取决于观察力。

四处走动，观察所处的景致，从不同角度看，远近高低各不同。

回归自我，观察身上的衣裙，从不同角度看，远近高低亦不同。

站在铁塔下，背过身，将头发披散在一只肩膀上，走路时，被风轻轻吹起，扬起发尾。

让这条裙子的背影成为主角。

旋转的木马

旅行时那些不期而遇的意外会成为亮点。拍照的时候也一样，那些路上遇到的陌生人，那些突然出现的街头设施，同样是能够被巧妙借助的道具。

作为女生，基本上都会有些幻想能力，譬如见到木马，一定会幻想出自己坐在旋转木马上，穿着长裙，微笑幸福的模样。不过，要将画面转化为真正的照片，中间的距离我们是知道的，路漫漫，任重道远。

清晨总是拍照的好时机！

往往这时候街上人少，可以不受干扰，这时侯阳光也温柔，不会太强烈，能拍逆光照。而且，由于人少，往往也会有特别的经历。

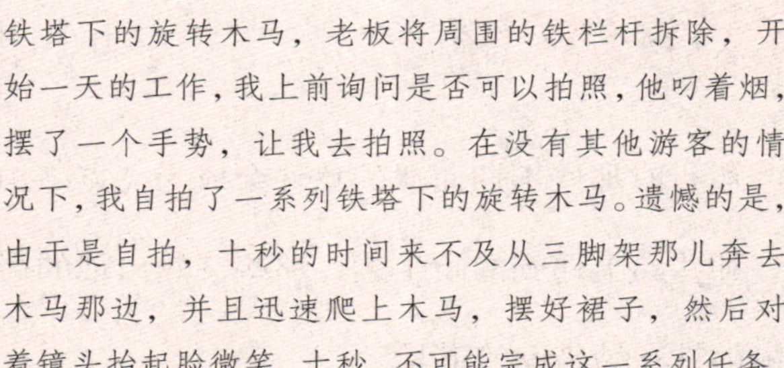

铁塔下的旋转木马，老板将周围的铁栏杆拆除，开始一天的工作，我上前询问是否可以拍照，他叼着烟，摆了一个手势，让我去拍照。在没有其他游客的情况下，我自拍了一系列铁塔下的旋转木马。遗憾的是，由于是自拍，十秒的时间来不及从三脚架那儿奔去木马那边，并且迅速爬上木马，摆好裙子，然后对着镜头抬起脸微笑，十秒，不可能完成这一系列任务。

站在木马边，手握住栏杆，挥动裙角，演绎一张照片。必须感慨，真是选对了裙子，在阴天的时候，红色是主角；在静止的场景，红色大长裙是如此富有活力。可以纯真，可以艳丽，可以明媚，可以成熟，从来不俗气，从来不腻烦。

另外，就个人而言，我不喜欢与实际模样差距太大的照片，所以在拍照的时候才会尽可能多地创造素材。说起来也许矛盾，虽然后期我对选照片非常挑剔，但是拍照时我倒万分随意。因为无论是拍照还是被拍，都是一件“情绪化”的事情。在选择场景以及在镜头前动来动去的时候，往往快速设立好三脚架，随意取景，也就拍了。

夕阳，铁塔，剪影

对于使用三脚架自拍者而言，当太阳下山，几乎很难拍出好看的照片。

光线不充足，一旦动起来，画面便会模糊。

此时，如果想要留念自拍，若希望看清人的脸，必定是将ISO数值设置得极高，但画面质感差的同时，脸即使看得清，也必定是偏暗的。

因此，傍晚时候的自拍，如果刚巧遇到日落，虽然拍不到脸，但是可以选择剪影。

拍摄剪影的两个关键步骤：

◎ 选取具有代表性的建筑物，我并没有站在高处，将整座铁塔作为背影，而是选取了铁塔的底部，它的轮廓是构图的重要部分。拍摄剪影时，镜头必须面对夕阳。

◎ 作为出镜的人必须知晓一件事，无论什么表情，照片最终显现的只是人的体形与轮廓。所以，夕阳剪影在拍摄的时候最好是侧过身，仰起头，尽可能展现额头、鼻子、嘴巴、下巴等处的曲线。

CHAPTER

文艺女王养成手册

通常剪影不需要修片，颜色就已经无比绚烂，几乎可以直接出片，大自然才是真正的画家。也不得不感慨，摄影果然是光与影的游戏。恰巧又有一只飞鸟入镜！

夕阳下的剪影照，通常人们会跳起来，双手举高。不过就个人来说，我不觉得那画面是美的，也同样不建议使用万能的“朝镜头奔跑”的姿势。比较推荐的是固定站在那，保持侧脸，向上仰头，在夕阳的背影下突出五官的轮廓。也可以寻找身边可使用的道具，或者手妖娆地摆个姿势，或者故意乱甩头发。

在闹市自拍的安全问题

像我在这张照片中的样子，当埃菲尔铁塔下游客越来越多，其实很难拍出好看照片了。一定坚持要拍照的话，也只好站在不远处，面对镜头，不经意地走路。

之前分享的夕阳剪影照，也明显可以看出，我站在距离三脚架两米以内的地方。

不过，假如有同行者，可以拜托同伴站在三脚架边，帮助照看，那么放开了拍照，完全不必顾虑。或者没有同行者，但不愿放弃此情此景，无法错过，可以寻求路过的游客帮助，告知对方仅占用一分钟以内的时间。

很多人来问我关于自拍的安全问题，如果自拍的时候，转过身走远，有人偷走了三脚架和相机怎么办？

过去的七年中，在自拍时，我的相机和三脚架从未被偷走或是被抢走，我想关于这个提问是有资格分享一些经验的。

情况一：游客过于密集的地方，鱼龙混杂，对于摄影本身就不是好的取景地方，更别提奔跑，转个身也举步维艰。摆出三脚架自拍，还是算了。因此，这时不存在安全问题。

情况二：三三两两的游客，这样的情况勉强可以拍照，如果穿着连衣裙，不愿意背着突兀的书包入镜，那么在出门之前，不要携带任何证件、钱包以及贵重物品，尽量只带三脚架和单反。自拍的时候，书包放置在视野可及的范围内，并且三脚架也在视野可及范围内，人不宜走远，也不宜拍背身照。此时，往往会有人好奇围观，若避免不了害羞，放不开胆，最佳拍照姿势则为，距离三脚架一米五远，缓缓朝镜头走去，半身照即可。

情况三：清晨时候的旅游景点，我在巴黎自拍时，大多时候都起得很早。第一天，在去铁塔的路上，其实我有些担心，有游客往往比没有游客更安全，空旷无人的广场，不知道会发生怎样的事，被偷被抢，也无人帮忙。关键的是，有游客的时候自拍，往往具有一些社会约束力，哪怕有人偷抢，喊一声，众人会帮忙。可是没有游客的话，碰到这种情况，那就惨了。不过，很快我发现我的疑虑是多余的，在清晨，虽然几乎不见游人踪影，但是铁塔四周不断有警察巡逻，一个个肌肉强壮，正直威武。偶尔的，还有早起的年轻人，绕着铁塔在跑步。

把相机扔在那里自己跑到一旁摆 pose，尤其是拍背影的时候，真的就不怕被人偷走相机吗？

拍背影的时候，往往是已经确定入镜的人只有自己，因此，整个大环境应当是无人的。不然，若有陌生人看镜头，拍出的照片也就比较奇怪，因为破坏了意境。其实，不但是拍背影，大多数情况下，有路人入镜的照片，往往都会破坏意境。

有人的时候，不建议走远摆 pose，2 米以内即可，你的身体可以挡住四周背景中的路人。奇怪的不是在闹市中摆起三脚架自拍这个举动，人太多太杂的地方，本身就不适合拍照，最根本的原因是，无处安放三脚架……

有人围观，或者好心人想帮助拍照怎么办？

好多次我刚架起三脚架身边就开始聚集人了，还有大妈问是不是在拍电影什么的，然后就会影响摆 pose，或者就会有热心人走过来说愿意帮我拍，然后就拍成了“到此一游”照……

好心人走上前，愿意帮助拍照，的确，往往他们按下快门拍出的是让我们不知如何是好的游客照。原因再简单不过，哪怕专业模特，也需要和摄影师沟通后才能合作顺利，何况是陌生路人。这时可以拒绝对方的帮助，展示曾经通过三脚架拍摄的照片，告诉对方，你需要的是十连拍，抓拍某个表情；或者，也可以接受对方的好意，描述你想要拍摄的照片，告诉对方应该站在哪个方位，提前调好数值，并且将十秒十连拍模式改为高速连拍。

不少人带着嘲笑意味问过我，在国内还敢不敢架起三脚架奔来奔去自拍？

我在中国，从西部的西宁到最北的漠河，从重庆到香港，无论是和被访者的合照，还是无聊时候的自拍，都是架起三脚架，存下了整整 2000G 的照片。

挑选合适拍照的场地无论是在国内和国外都要注意的。最主要的是要记住，有时候人多意味着危险；同样，人少也意味着危险。

在闹市中摆起三脚架自拍会很奇怪吗?

被人围观时，继续专注做自己的事，不在乎旁人的眼光。我想这是一种无论是面对自拍，还是面对其他事情，都应该具备的能力。

我曾经在冰岛街头遇到一个美国摄影师，她当时正跪在地上，面对着她的镜头，摆出一些奇怪可爱的表情。我驻足一旁，作为围观者，我不觉得她奇葩，反而觉得她有趣、好玩，她沉溺在自己的世界，显然她很愉快。当一个人感到愉快，做着喜欢的事情，并不伤害或骚扰到任何人，似乎也就没有理由去评判了。

后来，我问她，为什么会有勇气在闹市街头自拍?

她说，冰岛街头才不算闹市，她还曾经在印度的最中心拍照，摆了一把椅子，旁若无人地坐着，面对镜头。

我问她，怎么做到的？

她回答，**只要想一想，这个宇宙，你所遇到的大部分人只是路过你的人生，他们在街上看到你的这番行为，或指指点点，或好奇围观，但是，这一切止于此，接下去，他们继续过他们的人生，你继续做你想做的事情。你们像是两条偶然交会的平行线，但是接下去，又继续毫无交集。所以，如果只是因为别人的眼光而停下你所想要完成的事情，这不值得。**

所以，当镜头对着你的时候，不要怕丢脸，大胆表现你自己，即使周围有人以“看极品”的态度旁观。

你可以一开始在家里，关上房门，找一面白墙，对着镜头摆 pose。

但是，敢于走出去拍，那才是你真正自拍的开始。

大街上永远都会有人，风景名胜之处肯定会有很多游客，但是，你拍你的。放大胆子去拍，只要你不是搏命地在山顶上跳舞奔跑。

人生无论做什么总有无关紧要的观众，只要你找到了自己的镜头，那你就有了一个专属的舞台。

尽情表演，尽情做自己。

经验之说，单纯地站在那里拍照，尤其在著名的景点前，大半可能拍出来的是“到此一游”照，如果条件允许，尽量有个道具，并且运用好。那天拍照，我面前走过了无数游客，还有人特地蹲下来看我的相机。虽然一开始会尴尬，可是我在面对自己的镜头，想要拍出好照片是天经地义的。

CHAPT

文艺女王

养成手册

Partake

ER FIVE

第5章

分享在冰岛自拍的经历

CHAPTER

文艺女王养成手册

借着在冰岛做采访项目的机会，闲暇时间，我仍然扛着三脚架，带着单反，四处自拍。

冰岛拥有非常独特的自然风景，游客稀少，本地人更少，离开雷克雅未克，几乎满眼都是荒原。可以说，冰岛是风景摄影师的天堂，但是对于自拍的人，冰岛并不那么理想化，需要你有足够的耐心。因为：天气不好占了一大半时间！

那么，糟糕天气，风大雨大时如何自拍呢?

两个难题：

◎风实在太大了，这是自拍遇到的最难的一点。来到冰岛，我还是一如既往，为了可以随身携带，坚持使用塑料轻便三脚架，以及塑料机身的轻型佳能入门单反。往往设置好参数，按下快门，手一离开相机，由于风的力量，整个三脚架都倒了下来。

◎风大带来的另一个难题便是头发被吹得不成样，特别是刘海，当我检查拍摄的照片时，不少构图不错，姿势不错，意境很棒的照片，头发却完全不忍直视，只能放弃。而且不少照片都是由于风把头发吹乱，刺到眼睛，吹进嘴巴，把它们拨开的动作。

解决方法：

◎三脚架会被整个吹倒下，这几乎是不可能解决的，听说到了冬天极夜的时候，哪怕有人扛着最专业的三脚架拍摄北极光，风一吹，也能把三脚架给卷走了。即使在专业三脚架底下的钩子里吊上重物，仍然无济于事。我采访一对来自香港的新婚夫妇，他们租了一辆车，穿着婚纱自拍，每次摆好三脚架准备完毕后，还必须用绳子系住三脚架，另一端钩在车上，才勉强不被风吹倒。

我的简易塑料三脚架也没有底下钩重物的功能，所以为了

保护相机，大部分时候**只能密切关注天气预报，**专挑风力较小的时候出门自拍。如果遇到太美的风景，有时脱下身上厚重的毛衣，压在三脚架底部，同时书包里有笔记本电脑算是有些重量，放在地上，用背带钩住三个脚。遇到满是泥土石块的地方，花一点时间，在泥土里挖三个洞，将三脚架插入，然后在四周堆上石头。

◎至于被风吹起的头发，**绒线帽是唯一的选择。**在选择帽子的颜色时，不会在镜头前显得过分突兀、不会由于出镜率过高使人感到腻味，必定是白色与黑色。越简单越好。帽子这一类的装饰品，稍有亮点，在照片中便会喧宾夺主。喧宾夺主的装饰品往往用过一两次之后，它的使命就完成了，却又弃之可惜，留之无用。

纯净的婴儿蓝色冰湖

“拍照是一件很孤独的事情，我们拿着相机，站在同样的地方，面对同样的风景，预备，一二三，按下快门，拍出来却是不一样的照片。”

——曾经采访过的一位摄影师

FIVE

第5章

分享在冰岛自拍的经历

天气阴冷，跑回车里的时候，开大暖气，全身发抖。浏览照片，有个念头一闪而过，一身简单的白色连衣裙，头戴白色绒线帽，阴云密布的天空，映衬天空的湖水。

画面中，唯一有色彩的是婴儿蓝色的纯洁冰山。

为了这个美丽的画面，拼一下又何妨?

眼前的景致，当下的心情，不去记录的话也许会永远错过。

虽然的确拍摄了，可是在后期翻看照片的时候，画面稍显单调，并且由于太冷，大部分表情无法放松。我尝试将两张图拼在一起，意境超赞，取名为：我终于追上了我的灵魂，在冰岛这片纯净的土地上。

再次来到冰湖，提前查看天气，风和日丽，蓝天白云，湖水像是一面镜子，一片蔚蓝。

在这个时候，穿白色连衣裙不太合适，画面会过于刺眼。选择低调的蓝色系会更合适。

人如何与壮观的大自然融为一景？秘诀说出来很简单：对！就是不要看镜头！

站在山头高处，背过身，面对湖水，透过镜头，观众无法知晓你的表情，只能猜测，是在瞪大眼惊叹大自然的宏伟，还是在安静呼吸这里微甜的空气，抑或是被眼前无与伦比的美丽震撼得泪流满面。

用一张会说话的照片，带着观众一起看你所看见的风景。

把鞋子甩掉，双手举起，笨拙地在冰湖前旋转，不必在意动作是否优雅，不必在意其他游客是否围观，赤脚踩在泥地上，尽情地笑，享受这一刻的自由，这一刻的年轻。

▲

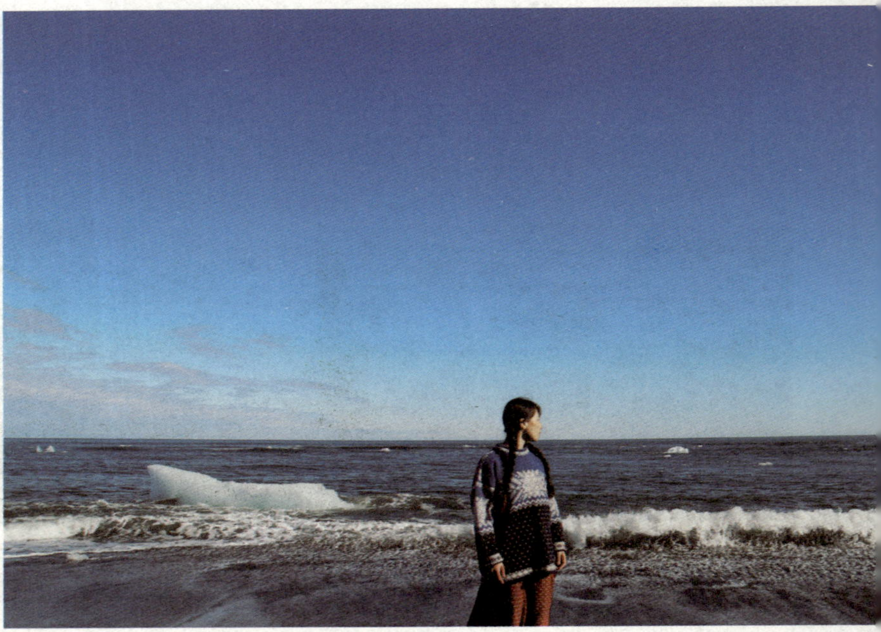

沙滩上搁浅的冰山。

看着它逐渐消融，成为水。

原来，死亡只是重生的开始。

在冰川前，踮起脚尖

荒原上，风吹着一首歌，小溪流伴奏。

拍这两张照片的时候，风大得人都站不起来，三脚架不断被吹倒。

这是我第三次来到这片冰川。

凌晨五点起床，为了赶小镇唯一的上午班车。

未曾想，随着夏天的来临，冰川融化得如此迅速。四周被水包围，如同护城河。走了 3 公里路，带着细沙与石子的风，吹得脸生疼。终于走到了不再能走的地方，我坐在地上，冰川距离我不过 100 米，隔着不知深浅的河流。

和我一样，那些背包客也只能走到这里，望一眼冰川，转身离开。

时间尚早，我捡来了一堆石头，放在三脚架周围，为了抵抗风的袭击，然后脱下羽绒服，脱下厚重的毛衣，脱下棉鞋，找到一块石头，踮起脚，伸出手臂帮助平衡。

我知道，寒冷只是一种暂时的感觉，被石头的棱角扎痛也只是暂时的，为了一张永远留存的照片，这一切都值得。

有的背包客没走，好奇地看着我，甚至拿出相机，拍下这画面。

我不觉得尴尬，也不会因为他们异样的眼神停下自拍，因为我是那么地清楚，这些人也只是暂时的看客。唯一的真实，唯一的永远，是我用心拍下来的这张照片。

第5章

分享在冰岛自拍的经历

亲吻一匹冰岛马

若是没有道具，在单调的环境之下，譬如一片草地，人单独入镜，哪怕模特的表情自然，姿态美丽，服装华丽，这只是一张没有故事的照片。倘若一张照片纯粹美丽，没有故事，那么它是没有生命的。

雷克雅未克的郊外，我遇到一匹刚出生不久的小马。它好奇我身上的衣服，好奇我的相机，好奇我的背包，对于世界，它试探的方式再简单不过：舔一下，咬一口。因此，为了与它交朋友，我的毛衣被它舔湿。

它对陌生人完全没有防备，反倒吓坏了第一次近距离接近马匹的我。

由于它对我过分好奇，以至于当我捧着相机去拍其他马匹的时候，它一路跟着我，我加快脚步，它更是蹦跶起来，朝着我的衣服一口咬过来。不偏不倚，咬在屁股上，一点也不疼，倒是有点痒痒的，我哈哈大笑，它不明所以，只是更靠近，绕着我转，继续进行它的好奇研究。

临走前，我与它已经熟悉，或许是它意识到相比苹果或甜味面包，我的味道太过单调，于是它停止了“吃”我。当我抬起三脚架，设置相机，准备与它十秒十连拍时，它朝着相机一次次地奔过去，撞倒三脚架。谢天谢地，因为草坪地面柔软，相机摔不坏。

主人建议我蹲下身，与小马等高，温柔地抚摸它。

当我伸出手，整个世界突然安静，小马不再闹腾。我轻轻地，温柔地，吻在它的脸颊。

后来我翻看照片，它居然微微地闭上了眼，似乎正在享受这个吻。

拍出这样一张有故事的照片，光圈多大，构图如何，背景是否杂乱……这些技术问题已经无关紧要了。最重要的是快门按下的刹那，那瞬间的感动会被永远记得。

CHAPTER

文艺女王养成手册

如果在旅行的时候，发现随身携带的衣服都带错了，与四周景致格格不入，那么，最佳的解决方案是去当地人卖衣服的店铺购置一套新衣。

照片中，我身上穿着的是冰岛毛衣，最传统的冰岛毛衣即如此，纯羊毛手工制作。在风大雨大的时候无须外套，这样一件冰岛毛衣，里面加一件卫衣，足以抗寒。缺点是进入开足暖气的室内，必须脱下毛衣，不然太热，全身都冒汗。

对于拍照，这样的毛衣在寒冷的地方太合适了。就经验而言，冬天在室外拍照往往很难，外套大同小异，更别提那些厚重的羽绒服，或是刻着“我是游客”标签的冲锋衣。拥有一件冰岛毛衣简直是最佳选择，下半身又容易搭配，无论裤装还是裙装都可以。

购买时，挑选颜色仍然以低调的淡色为首选：白色、灰色、浅蓝色。毕竟深色上镜效果一般，亮色容易看腻，并且突兀。

在拍这类自拍照的时候，没有必要过于在意构图。

与动物或小孩这一类“纯天然模特”合照，可以说是最简单的也是最艰难的。

说最简单那是因为动物与小孩是最好的模特，表情自然，镜头前不会紧张，仍然做自己。

说最艰难那是因为他们完全不受控制，前一秒还安静地坐着，下一秒正准备拍照，他们的注意力被其他事情吸引，站起身跑得远远的。

只能抓住此刻，能拍多少是多少，构图依靠后期裁剪。

这是原图，当时小马正依偎着母亲吃奶，我喂了母马一只苹果，它吃完后，静静地站着。整体看来，这张照片有些复杂，画面中的故事缺乏重点。

在截图的时候，我选择突出人与动物的表情互动。

重新构图后，我闭上眼，微微抿嘴笑着，马儿半睁眼，也许也是微微笑着。

在动物面前大动干戈地跳舞、旋转、奔跑，结果往往是把动物吓走了。最好的、最自然的状态是在不远处搭建三脚架，设定数值，按下快门，随即站在镜头前，自顾自缓缓地走路，朝镜头靠近。人的眼神不宜看向镜头，可以低头看路，也可以朝着行走的方向望去。动物不看镜头，低头吃草或者躺着睡觉，这样的画面最为真实。

马是有灵性的，且能与人类互动的动物。我在草原上遇到的这匹黑马，向它轻轻地说了一些内心隐藏已久的秘密，它的眼神是温柔的，似乎在认真倾听。风来了，将我们的发丝吹起。

火山岩上的少女

第一眼，坐在车里路过，对于这里完全没有概念。开车的冰岛男人，我们讨论着他深信不疑的精灵，他告诉我，那些精灵躲在石头里，所以要小心见到的每一块石头，不能乱动，不能乱碰。

恰在此时，我望向窗外，蜿蜒的绿色之“海”。

火山岩，一股强烈的原始能量在内心爆发。

如果真的存在精灵，那么精灵应该住在这样的地方。我心想。

这张照片，在我身后的是最令我感到“这里是冰岛”的景色。

那天，乌云密布的天空突然放晴，阳光洒向大地，火山岩那悲伤的深色，在阳光抚摸的瞬间，成为灵动昂然的翠绿色。为了抓住这个瞬间，三脚架搭建完成后，我使用卡片机。

当我奔向远处时，听见身后重重的响声，回过头，卡片机的镜头砸在地上（这样的情况，发生过无数次，以至于一向喜欢大惊小怪的我，都已经被训练得波澜不惊）。捡起来，按住关机，镜头卡住，不断向前向后伸缩。我轻轻推一推镜头，终于收回，却无法再打开，只好回到车里再试图修机器，三脚架上换单反。

画面中，我不再走远，将卡片机挂在脖子上，按下快门，风吹起刘海，我低头研究。

我所幻想的画面是站在火山岩的高处，人是如此渺小，只看得见白色连衣裙少女，她望向远方，像是住在这的精灵。

这张照片，初次使用佳能 70D，光圈 1.8。

火山岩地势蜿蜒，三脚架无法站稳，加之风吹得猛烈，使用三脚架完全是一个错误的决定。因此，我将单反相机置于较高处的平地后，走入火山岩包围形成的低谷内，伸出手臂，面对镜头，按下快门。无论是对于拍摄地点、相机设备，以及大光圈，我都感觉陌生，无法驾驭。

站在镜头前，十秒，看着警示的亮灯，滴滴滴……只听见“咔嚓”一声，接着，万物寂静。

佳能 70D，中端单反。首先，机身比起入门单反重太多，放在背包里无法长途跋涉，很快会感到肩膀的负担。其次，它的价格实在有些贵，舍不得敲敲打打，风吹日晒。而且，它无法满足我对自拍的要求。虽然有十秒延迟自拍的功能，但是没有十连拍，也就意味着无法再如过往那样抓拍。

站在明信片中，成为风景的一部分

旅行的时候，面对明信片一样的美景，分享一些自拍的方法。

三脚架被架设在风景前，单反取景。

没有人入镜，按下快门，本身便是一张不错的风景照。

自拍姿势 1：大摇大摆在风景中间，朝着镜头走来。

自拍姿势 2：转过身，向风景走去。

自拍姿势 3：人在画面的角落，盘腿坐在地上，静看风景。

自拍姿势 4：在画面的中央，抱住一只膝盖，扬起侧脸。

自拍姿势 5：站立在画面的右下角。

夕阳下的剪影

头疼，已经入夜，手机上的时间显示23:30，不过窗外仍然光线充足，街上人来人往。入夏后，冰岛再也没有真正的夜晚，生物钟跟着紊乱。幸运的是即便是夏天，这里的天气依然糟糕，风大雨大，阴天不断。

多亏如此，鲜见日照才使得大部分人能按照正常时间作息。

今天有些不同，白天时，云层厚重，不时飘雨，风由西吹向东，到了夜晚，竟然开始放晴。在这里生活久了，恢复人作为大自然生物的灵性，对于天地现象，学会观察，偶有预感。人们说火山爆发前，冰岛马乱成一团，仓皇奔逃，说的就是大自然生物的灵性吧。

头疼得无法入睡，我去24小时便利店买橙子。这片国土没有水果，完全靠进口，所以能买到的水果大半是不新鲜的。不过需要维生素的时候，已经不在意它是否新鲜可口。

一定是和搭车客聊天时，被他传染了感冒，那个西班牙东部人，留着络腮胡，典型的西班牙式英语，不小心和他聊起了弗朗哥，他愤怒地说个不停。

提着一袋橙子，走在马路上，厚重的云层在我的头顶，它们驻守了一整天，太阳出现在前方，露出一片蓝天。温柔的金黄色，从四周蔓延。

搭建三脚架，光圈 1.0，对焦到无限远，ISO 数值 400，快门 1/4000，一切准备就绪。

每次按下快门，听见来自相机内部的“滴——滴——滴——滴——滴滴滴——”声，十秒倒计时，我接收到必须快速奔跑的命令。在镜头前，只有剪影，尽可能地侧过脸，显现鼻子、下巴的弧线，也尽可能跳跃，甩动麻花辫。夕阳在我的右边，发尾的一部分被夕阳的光“消融”。天空依然见得到浓厚的乌云，旁边是蓝天，接着是绚丽的夕阳。

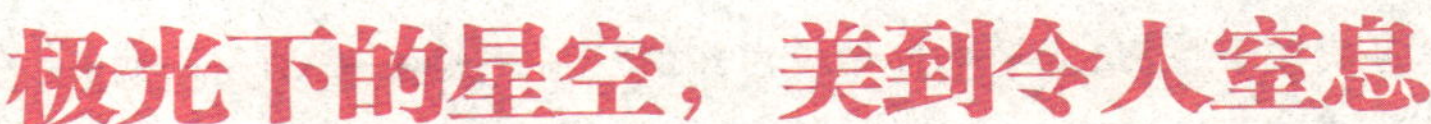

面对大自然奇迹的画面，除了舍不得眨眼，激动得在现场观看，也不愿意错过为自己留念的好机会，将此刻永远记录下来。

在城市，由于路灯、商店、居民房间等光源太多，并且不断有汽车的车灯干扰，因此，我独自开车，开出中心区域，在漆黑的山路上盘旋，来到对面的山坡上。在这里不但能眺望整座城市，拍到城市上空的极光，还能去再偏僻一些的地方，爬上山，荒无人烟，站在土路中间，为自己拍一张伸出双臂拥抱极光的难忘照片。

以下是一些零星的要点：

◎ 拍摄极光不像是星轨，不需要 bulb 长曝光就可以拍出清晰明亮的画面，选择快门 15-30 秒即可，能够记录下和肉眼见到的几乎一模一样的极光画面。曝光太久，虽然壮美，但如同那些美到不真实的摄影大师作品，失去了记录生活的自拍乐趣。

◎ 使用 M 模式，将对焦设置为手动，选择无限远。

◎ ISO 值在 100 或 200，若数值高，画面将有噪点。拍完后不必担心屏幕上显示较暗，回家后在 Photoshop 向上拉一拉曲线即可，你会得到你想要的画面以及不错的质感。

◎ 站在镜头前，请放弃正脸面对镜头，除非能坚持半分钟不眨眼，眼珠不动，表情不变（相信我，这很难做到，夜晚的风往往很大，睁着眼，会被风吹得很疼，特别是佩戴隐形眼镜的各位，眼睛将会干燥发痒）。即使能做到，仍然有个问题，拍摄极光最好的场所是黑漆漆的地方，脸部难以被拍清晰，由于光线不够，看起来阴森森的。

◎ 穿亮色系的着装，至少上衣，天黑深色会被吞掉。还有记得保暖，能拍摄极光的夜晚天空清朗，但是气温在零度左右。若穿短袖甚至裸体站在寒风中一动不动，需要不怕被冻死的勇气。

◎ 不推荐使用手机远距离操控，不推荐使用相机遥控，不推荐使用快门线，因为按下快门后，手将保持拿着这些器材的姿势，会影响画面。也不推荐使用 2 秒的自拍功能，从相机后奔跑到镜头前，瞬间停住保持一个姿势，2 秒是不够的，画面中的人会模糊。建议使用十秒的自拍功能，佳能入门机器类，只能选择最少两次的连拍，可以一次拍完后自动放弃第二次。

◎ 极光在天空不断改变，有时一边什么都没有，另一边却浓烈耀眼，因此需要不断注意当下的情况。个人的建议是，有参照物的情况下，能凸显极光的壮烈，譬如，空旷的无车的安全的公路或者茂密的山坡树林。

◎ 夜晚风大，塑料三脚架会招架不住风，来回晃动，致使画面模糊，请配备较重的稳固的专业三脚架。

◎ 这三张照片，我使用的是佳能 760D。一部入门单反，一个最基础的镜头，你也能拍出想要的照片。

天气冷，取景难，不必勉强一个夜晚就能拍出最满意的照片。

最终能有一张稍稍喜欢的，就很棒。

毕竟，重要的是你来过，看过，体验过。

可以借鉴的一些姿势：抬头，伸出一只手，指向天空；趴在栏杆上看天空（参考此图，可以借助栏杆分散一些身体重量，保持平衡）。

建议的姿势是背面或露出小半个侧脸，露出下巴弧度那种。虽然不能跑不能跳不能动，其实，背影也有许多方法表现个人特征，你的特色发型，你平常穿的衣服，你偏爱的拍照动作。如果尚未发现，可以戴一顶有标志感的绒线帽，一个大红色的小圆球之类的，能提升画面的“私人感”。

拍摄黑夜的照片有难度，取景器里面是一片漆黑，属于盲拍，因此需要一定的摄影基础，站在相机旁，根据自己的感觉和经验设置三脚架的高度，以及镜头的角度。在没有树林、栏杆之类参照物的情况下，只需要将三脚架降到最低高度，镜头抬到 45 度以上。但如果有参照物入镜，比方说想要一棵树的一半，以上都是极光与星空，那么你必须依靠过去自拍积累的经验，对镜头有预感，或者指望后期靠裁剪的方式进行构图。

跳一支笨拙的舞，为了自由

赫芬（Höfn）小镇，坐落于冰岛的东部，距离冰湖一个小时的车程。

在这里，我静静地生活了一段时间。

离我住的不远处，有一片海。

退潮的时候，黑色的柔软泥地，映衬广阔天空，万物寂静，仿佛置身世界尽头。

我是那么的渺小。当远方成为脚下的土壤，当家乡成为回忆里消失的村庄，海鸟飞翔，我是自由的，无所牵挂的。
站在原始的天地之间，孤独是生命的常态，不再牵强期待。

退潮后，走在这片海边。朝生暮死，生生不息，很快被遗忘，却又很快被记住。

这里，没有人知道我的名字。
这里，没有人知道我的故事。
跳一支笨拙的舞，为了自由，为了重生。

去雪地里撒点野

雪地里，天地一片白茫茫。

独自一人的时候，该怎么逗乐自己呢？
在雪地里，冻得发抖。可是不想看镜头，不想露脸，深呼吸，一低头，把整张脸埋进雪里，冰冰凉，竟然还吃了一些雪到嘴里。突然抬起头，哈哈大笑。
瞬间，快门“咔咔咔”，记录下这时刻。

关于在大自然中自拍的安全问题

自拍的最佳条件为：平地，好天气，充足的时间。

虽然在大自然中拍照的时候，不需要再关心“我的相机在我转身的时候会不会被偷走”这样的问题，但是，相比相机，更容易在安全上出问题的是人身安全。有时也许太过于专注于取景，希望拍出一张独一无二的“到此一游”照片，结果疏忽了自身安全。

危险的地方，也许风景最为美丽，可是，让它成为你人生中的最后一张照片，这一点也不值得。我听过诸多游人爬山时为了拍一张自拍，而发生悲剧的故事。

因此，每到一处风景前，先欣赏风景，观察四周地理环境，然后再判断自拍是否会有危险。记住一件事，不是所有的地方都是你能去的，也不是所有的疯狂都需要你出现在其中。

CHAPT

文艺女王养成手册

dress up

ER SIX

第6章

镜头前的穿衣打扮

自拍能够帮助你提升穿衣品位，并找到适合自己的个人风格。

作为一个很少有时间看杂志、逛街的人，通过自拍，我很快速地在穿衣打扮上找到一些实用的规则。也正是通过自拍，我不再仅仅因为看见图片上别人穿得美，立刻兴之所至买下那件衣服，我能很快地在脑海中进行判断，是否合适我个人？是否合适我的生活？

自拍于不同场景，自我意识得到强化，我越来越清楚什么场合穿着什么样的衣服更得体，使我更像我，使我更接近我所想成为的我。

SIX

第6章 镜头前的穿衣打扮

217

我身高一米六，体重忽胖忽瘦。

见过我的许多人基本都会感慨，看照片一直以为我很高。可能，这与我平时的穿衣打扮有关。

作为矮个子女生，在这里分享一些如何在镜头前看起来有一米八的心得：

◎ 性格美的人能省下一笔巨大的服装开销。

◎ 连衣裙解救懒惰女青年。

◎ 选择长款并且有腰线的连衣裙。

◎ 不建议森女系、日系款的连衣裙，通常无腰，穿上去略显胖。

◎ 马尾辫帮助减龄，看起来干净、简单，有活力。

◎ 白色纯棉汗衫没错的。

◎ 少穿裤子，拍全身照时显矮。

◎ 拍照的时候，不要从上往下拍，不过也没有这样的三脚架，因此不是问题。

◎ 选择舒适的坡跟鞋，尤其当你需要跑步时。

◎ 无袖连衣裙，细肩带最好，突出锁骨，增添性感气质，另外，粗的肩带容易使手臂显胖，会有葫芦娃的气质。

◎ 过度高跟的鞋子以及松糕鞋，会有反向作用，令人怀疑“你究竟有多矮”，且不实用，拍照时如果蹦蹦跳跳会有生命危险。

◎ 披肩长发适合穿仙女式的长裙，视觉上显高，不建议配短裙，容易起相反作用。

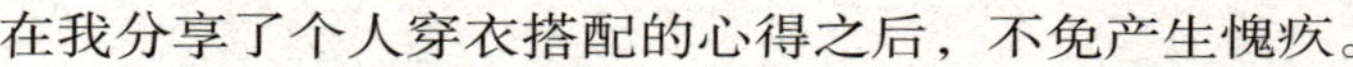

在我分享了个人穿衣搭配的心得之后，不免产生愧疚。

一个不看时尚杂志、对逛街不感兴趣的人，为他人提供穿衣打扮上的建议，实在有失资格。于是，发挥记者本职，我决定分享那些我经常光顾的独立制衣店铺，并以穿衣打扮为主题，对店主们进行采访。

根据我的着装心得，已经大致可窥探到这些店铺的共同特征：

◎ 质地好，价格中等，性价比高；

◎ 适合出席所有场合，不过分华丽，也不过分随意；

◎ 原创，不会在街上与人撞衫。

总之，既然时尚那么难以捉摸，打开衣柜没有很多衣裙的我们，为何不把自己的衣裙穿出风格？是你穿衣服，而不是衣服穿你。

不必追逐时尚，用性格穿衣，找到自我风格。

宇妃的女神连衣裙店

我穿着宇妃店铺的连衣裙

我带去巴黎的那条红色连衣裙，是在宇妃的店买的。

当时下单，我惊讶地发现，一百元出头的长裙，没有选择尺码，而是需要告诉客服我的身高体重三围，店铺将会量身定做。在我所知道的独立制衣店铺之中，这很少见，尤其是这个价格。

宇妃是老板，同时，店铺所有的衣裙照片，都是由她的男友拍摄，她作为模特入镜的。这是个漂亮的长发女孩，四川成都人，刚刚大学毕业，22 岁。她家卖的衣服非常适合旅行拍照，都是属于女神款的连衣裙。价格低，设计独特，材质也不错。

我通过微博联系宇妃，她很快回复了我，并且在三天内，寄来一大只箱子：满满的连衣裙。真是个爽快的姑娘！

SIX

第6章 镜头前的穿衣打扮

宇妃本人是一个大美人呢！

在店铺，她是入镜模特，照片由她男友拍摄。

怎么会想到自己开店呢?

“叫我宇妃就好。生活中的自己是多面的，浪漫又逗比，忧郁又开朗。这个名字是因为看《甄嬛传》的时候着了迷，身边的朋友都改成什么什么妃，天天演宫斗戏。”

“说起来有点狗血，虽然审美能力不分高低，但我父母是做男装的，让我从小对服装拥有比周边人快一步的审美。”

“2014 年年初的时候，我和男朋友阿曼在一起一年多了。我跟我父母说我有男朋友了，他上班的待遇不算太好，但是正在上升期。本以为父母会喜欢我找一个有稳定工作的男朋友，但是他们却说：‘并不喜欢拿工资的，你不要和他在一起。’”

“嗯。就是这样，父母根本没听我对他的任何描述，就做出了对一个人的判断，甚至没见过他就把他否定了。我父母的态度让他的情绪跌入谷底。差不多一个星期左右，他突然说，既然你父母是做服装的，我们就做服装吧。三年内我要在服装

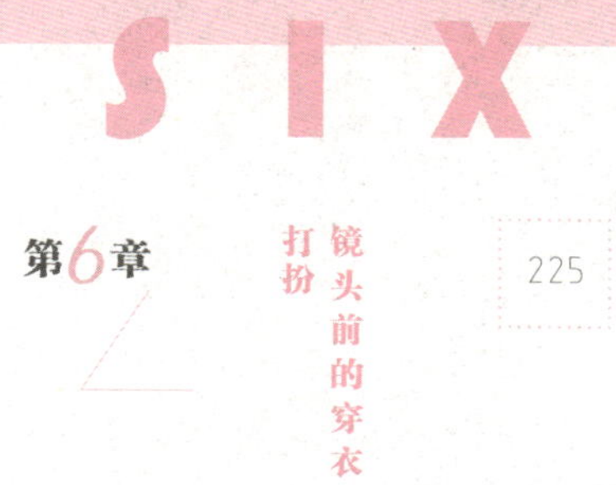

行业里面的成就超过你的父母，然后娶到你（说实话，当时更多的是感动，我并不会认为他真能在三年内，超过我父母几十年的行业沉淀）。第二天他辞去了工作。2014 年 4 月我们差不多一开始就给自己定好了一个几乎不可能完成的目标，顶着这种不确定性开始创业了。”

“我们的店名：落离莲。其实是一种曲艺形式，我们要演一出给父母看看。而这三个字有另一个意思就是‘摇钱树’。所以店名并不文艺，哈哈！还很俗气！”

“经过小半年的受挫，我们的风格逐渐沉淀到了一个标准里面，也是设计理念里面最重要的标准‘拍照能出大片’。差不多也是风格定型的时候我涉及了一个问题，大学快毕业了，父母会给我找好工作，让我过朝九晚五的生活，为了我们的小事业能继续，我没有告诉父母开店的事，我只告诉他们，我找到了一份教师的工作。接着，我过起了双重身份的人生。我虚拟的工作地点离家有 40 公里，而阿曼家离我家直线距离只有 400 米的样子，所以从逻辑上来说我不能出现在父母家附近，直到写这段话的时候，我上街不敢让男朋友拿包，不敢牵手，没有近视却要戴眼镜。”

“2015 年，我们定了自己的加工厂，质量和品控自然有了保障，另外我们可以灵活地控制衣服的尺码，不仅仅只局限在大中小三个码子。衣服打版的图纸尺码精分常常让打版师无言以对，选码不是客人需要操心的事。客人只用告诉我们她的三围和身高，穿多大多长这种问题不应该让客人操心的。与此同时，我们的风格也更加有针对性，我们选的面料除了舒适以外最大的特点是结实，这种结实是指身材丰满的朋友抢着试你的衣服不会撑破的那种结实，或者压在行李箱最下面旅行十多天，拿出来只要抖一抖就可以穿上身，不需要熨烫的那种结实。所以，我们客人也开始专一起来。”

“‘能出门穿，能拍出片。’如果您要找这样的衣服，找我们就对了。”

“还有呀，开店后，我决定给每一个到店购买的顾客亲手写一封情书，不同的顾客我都会写不同的情书，常常我的一整天都是在给不同的人写情书，有时还会写到凌晨。我相信每次素未谋面的相遇，都是久别重逢。”

作为设计师，最偏爱什么款式？

“大二的时候，学习播音主持专业的我突然迷上了绘画，但从未接受过绘画专业方面的学习，我会在图纸上画下自己设计的款式，然后阿曼会自己把它做出来，我们都没系统地学过相关的专业知识。他之前连缝纫机摸都没摸过。唯一对缝纫机的学习大概就是把自己关在工作间两个通宵，一边看视频一边练习缝纫机吧。所以不会绘画的模特不是个好设计师，不会剪裁的摄影师不是个好裁缝（哈哈哈）。我对复古风格的衣裙的迷恋到达了一种境界，不论是五十年代的赫本风格，巴洛克时期的华丽宫廷风，洛可可时期的柔美浪漫风，或是旧上海盘扣旗袍的婉约中国风，这些都深深地影响我的设计理念。所以落离莲大部分的衣裙款式会基于这些复古风格之上，但是更能够融入现代并且不浮夸。我称这种混搭的复古风格为‘落离莲风’，也是目前我最偏爱的款式风格。”

“其实做了那么多款连衣裙，而我最爱的一款便是他花了两个通宵做出来的一款。当时看完《茜茜公主》特别心水剧中的公主裙礼服，于是立马画了草图，让阿曼做。这条裙子用到了四层三种面料，各种刺绣面料成本就花了400多元。其实它很重，穿起来略显臃肿，很浮夸，也根本不适合平时穿，穿上后你会觉得有点像中世纪电影里面挤牛奶的农场女。最爱这款不仅因为它是落离莲出品的最重的一件，而且因为那是我第一

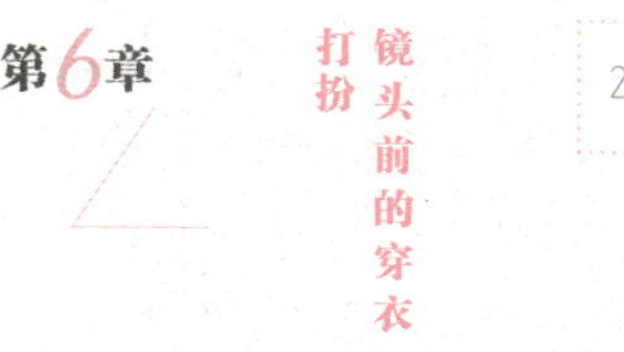

次穿上阿曼量身定做的礼服公主裙。”

假设外出旅行半个月，有没有必备的“万能百搭装备”？

“关于旅行，女生总会花很多时间来准备行李，各种东西都想带，我也不例外。”

“对于一个有29寸行李箱的我来说，带的其实大部分是去拍照的新品。但是每一次旅行必带宽松牛仔短裤，宽松T恤，好走路的鞋或者拖鞋。因为考虑到长途飞行，旅途中会长时间步行，所以一定要带最舒适的衣物。”

“阿曼有行李精简方面的强迫症，大概是以前被荒野求生之类的节目洗脑了。关于带还是不带，我们总会在出门前吵架。他总是抱怨我装太多衣服，就像我也总是抱怨他带太多镜头。男生出门带够内裤就行了，他是这么认为的。而我会根据提前做好的攻略，挑选适合的衣服。”

“哈哈！三五件少不少，十来件多不多，这种问题完全是看你挑夫男友的体格了。”

分享一下你的穿衣打扮历程吧！

“大概是在小学五年级，我开始意识到自己的穿衣打扮。从那开始就一个人去买自己喜欢的衣服。小学五年级有了自己对服装的认知：五年级之前买衣服都是妈妈带我去童装店买童装，之后开始意识到需要穿衣打扮，每次买衣服都会因为意见分歧和妈妈吵架。”

“青春期的审美误区：我初中时正是零几年非主流流行的时期，于是我也误入歧途，喜欢很多另类的风格（哈哈哈，好丢脸）。什么红色紧身皮衣，香蕉裤，配上大红色的高邦匡威……我的黑历史啊。”

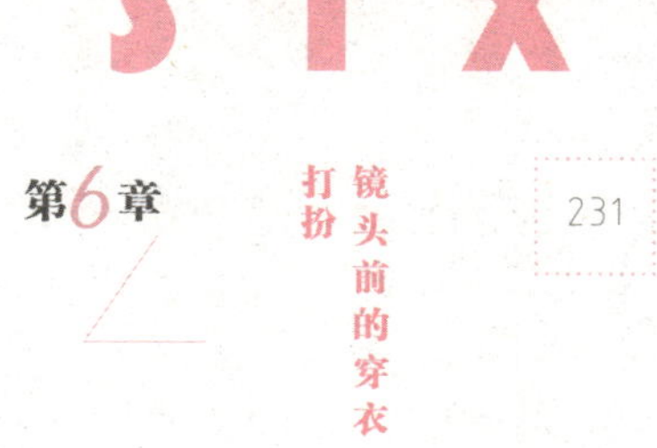

“少女时期的日韩学院风：高中特别流行传阅时尚杂志，大多以日系为主，什么《昕薇》《瑞丽》。于是开始搜集各种日系软萌的单品。日系软萌小清新，欧美帅气街拍风，优雅淑女OL风，复古典雅宫廷风……几乎每个风格我都深深迷恋过。所以现在落离莲的店内依旧有各种风格共存。”

“对，现在的我终于走入落离莲风格，就是新时代的文艺复古风格。大学里看了很多国外电影，欣赏了各种画派，终于爱上了各种复古风。现在衣柜里最多的就是赫本风、洛可可风、巴洛克风格的连衣裙。”

“其实个人认为女生都是比较多变的，很多时候一个人的穿衣风格受自己的个性影响很大。但是也有性格甜美可爱的女生喜欢穿得酷酷的，穿着甜美清新连衣裙的女生可能也是率性的。所以不一定要有一个固定的穿衣风格啦。”

关于穿衣打扮，来自宇妃的建议

◎ 身上的颜色越少越好，尽量同一色系。

◎ 白色显大，黑色显瘦。

◎ 红色、蓝色在阳光下“吃光”，拍照的话最容易出彩，画面饱满，而且这两个颜色的衣服也相对不会显皱。另外，红色和蓝色适合丰满的女孩，用于掩护身材。

◎ 关于最上镜的衣服，男朋友阿曼富有经验，他一直为我拍照。上不上镜，需要根据场景、主题、预期效果，甚至以及想达到的后期效果来决定，所以，“上镜”这个词的变量太多了，在每次拍照前，一定要精心挑选衣服。

◎ 面对镜头的穿衣打扮，我有些个人经验可以分享：

① 人胖不要穿横条纹；

② 肩宽要拒绝泡泡袖、耸肩；

③ 腿短别穿吊裆裤；

④ 腿粗别穿修身裤，多穿长裙；

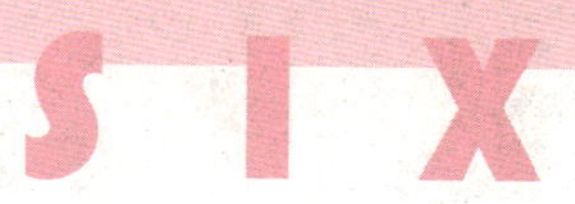

⑤ 脖子不长别穿高领，V 领能拉长视觉效果。

◎ 很多顾客前来咨询，“我的腿很粗，腿形不好，该穿什么？”其实腿形不好看的话，修身长裤只会把腿部勾勒得更加明显，使腿看起来更粗，更弯。答应我，像 Rose 答应 Jack 一样答应我好吗！腿粗千万别穿皮裤！因为皮裤自身有皮的光泽，视觉上会有膨胀感，没有筷子腿一定不要穿紧身裤，更不要穿皮裤。我的腿也属于不细的，所以我衣柜里大部分都是长裙、阔腿裤。

◎ 如果上身胖下身瘦，建议穿长度在膝盖以上的高腰修身短裙，可以搭配短款黑色开衫，弱化上半身。搭配高跟鞋，拉长腿的比例，显高、显瘦。

◎ 对于刚开始学穿衣打扮的女生，建议先购置经典款的单品或者连衣裙，不一定非要追求当下的时髦款式。毕竟越是忽然流行的东西，越是容易过时。

◎ 搭配是一个比较随性的事情，其实也没有什么特别的秘诀，和摄影有点类似：首先，先确定风格，然后再确定效果。

不过，女生的衣柜里必须有这几款单品：

① 一条长度到膝盖的基本色的连衣裙；

② 短款小西服；

③ 黑色跟高 6 厘米左右的高跟鞋；

④ 肉色丝袜。

这些单品可以完美应对正式、工作、饭局等场合。而郊游、约会、海岛旅行，就必须是长裙。如果不幸的是，你只能选择带一条长裙，那么一定要选纯色。

◎ 日常生活中不要化大浓妆，不贴夸张的假睫毛。

◎ 发色不建议棕色系和黑色系之外的颜色。

◎ 正式场合穿裙子一定要穿肉色连裤袜式的薄丝袜，丝袜比较脆弱，所以在包里要带至少一双新丝袜备用。

◎ 拒绝网眼丝袜，拒绝过度暴露的服装，以及色彩花哨的指甲油。

◎ 拒绝大杂烩式混搭。明显不是一个风格类型的单品，不要穿在一起，譬如，办公室女白领风格的正装连衣裙搭配运动鞋，黑丝袜搭配人字凉鞋……

◎ 作为成熟的标志之一，女生会开始穿高跟鞋。这时，很多人会盲目追求跟越高越好，但是，超过8厘米的高跟鞋，跟越高，小腿肌肉越明显，毫无美感，而且穿太高的鞋子对脊椎腰椎伤害都比较大。所以，我的建议是：4厘米。既能显高，走路又舒适。不过，穿过各种高跟鞋之后，个人觉得跟高两三厘米的软底鞋最赞。

◎ 尖头款式的高跟鞋是我的最爱。巴洛克风格的小皮鞋、软底的小红鞋都是万能搭配单品。

◎ 我超级喜欢"囧脸包"和草编的包。

◎ 不一定要买最贵的，有时候，淘宝上的衣裙性价比会比商场高很多。

◎ 平时多看书，看电影，学舞蹈，提升气质。气质好了，穿衣服搭配的时候你会更美。

薇薇的 Vintage 古着店

我穿着薇薇设计的黑色连衣裙

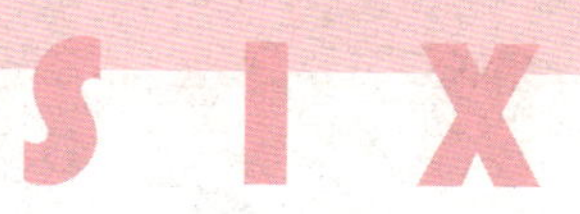

我在薇薇的店铺买衣服，最早是因为她家出了一款自制的赫本款连衣裙，上半身为白色，下半身薄荷绿，袖口复古，款式简单，面料舒服，适合上海恐怖的夏天。算起来，在她家陆陆续续地购买独立自制 Vintage（复古）款连衣裙，已经接近三年半。

走在街上被撞衫的概率极低，因为她家做的衣服限量。

我是赫本的影迷，对于任何赫本款的连衣裙毫无抵抗力，因此，对薇薇的店铺颇为上瘾。她有一款模仿《蒂凡尼的早餐》中赫本的修身礼服，搭配长款优雅黑手套，只差一根长烟管，简直就是赫本在电影中的全部同款。

另外，我曾买过黑色款鱼尾连衣裙，虽然价格低廉，但是材质到位。可以穿着去写字楼上班，我还穿着去见过大客户，既优雅端庄，又显露一丝弗拉门戈女郎的狂野意味。

我给妈妈买过一条长袖连衣裙，也是在薇薇的店。

还买过两条让我无力抵抗的波点复古连衣裙。

似乎这些年她无心做大店铺，一直保持着原有的节奏，慢慢出新品，每款限量，售完即止。

而且，基本上拿到手的衣服和网店上的照片无差别。薇薇完全不请模特，只拍衣服的照片，这一点我很喜欢，终于不必再因为模特穿衣服好看，自大地以为自己也能穿出大片的味道，结果却只能将其失望地挂在衣柜封存。

因此，我认为薇薇是一个非常好的采访对象，我非常自信，可以从她那里获得许多关于穿衣打扮的心得。

我知道，这是一个真正喜欢衣服的女孩。

后来事实证明我是对的。

像大部分的网店，我只能先通过淘宝旺旺与客服联系，没想到，薇薇的店是一家由老板亲自打理的店铺。见面的时候，我问过薇薇，为什么她是客服，她告诉我，她还负责写快递发货，

负责设计，负责制衣厂的运营……简直是女超人。

是的，关于通过淘宝旺旺与店铺设计师取得联系，这件事着实带给我不少的麻烦。客服通常是老板招来的兼职，也许客服早已阅人无数，并且每时每刻都有人等待他们回复，对于我这样莫名其妙提出采访要求的怪客人，客服似乎根本不放心上。当我自我介绍，并诉说希望找到老板的缘由后，对方只是说会帮助传达。

往往，没有然后了。

不知道是客服忘记了，还是老板们对于这样的采访根本不在意，或者是对我这样的行为觉得有些奇怪？我没有答案。幸好联系了十家店铺，最终有三家同意接受采访。

得知薇薇长期住在上海，我决定不在网上采访，约在人民广场见面。当我见到她的时候，我震惊了，她不是我所想象的模样：高冷的复古型。她剪了碎刘海，可爱的日系棉布格子衫。

她笑着说，她喜欢不同风格的衣服，有时是 OL 风，有时是日系风，甚至有时是滑板嘻哈风。她很久不在街上买衣服了，一般都穿自己设计、制作的衣服，唯一在衣服上花的钱，是去买日本的 Vintage 古着。

在人民广场见到薇薇，本人非常甜美。

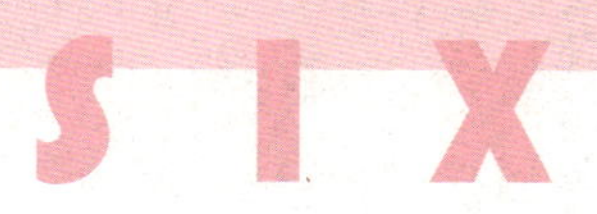

怎么会想到自己开店呢?

“由于受到家庭环境的影响（我父亲在面料行业工作了一辈子），从小学习美术的我，自然也对服装设计很感兴趣，专业成绩曾经是清华大学美术学院的全国第七名，毕业后自然也就从事了服装设计工作。”

“同时我也是个爱衣狂人，喜欢收藏和研究各种服饰（包括现代服饰和传统服饰、汉服以及和服）。起初我只是在淘宝店里随意地卖卖手工制作的简单小衫，或者个人收藏的一点小玩意儿。但随着客人越来越多，许多人建议我认认真真地开一间店。”

“能结识更多志同道合的姑娘，在把自己的穿衣经验分享出去的同时，又能增加业余收入，何乐而不为？”

“2011 年，我发布了第一款自主设计的小黑裙，并一本正经地给店铺取了个名字——赫本的衣橱。赫本是这个世界上最懂得穿衣的明星，女神虽已过世多年，但她一生的着装都在被时尚界模仿。那样的衣着品位，正是我所仰慕并推崇的。”

“有一天，我跟一个设计师同事说，我想让那些收入不高的普通工薪层的女孩子，也能穿上商场里售价几千元甚至几万元的连衣裙，但她们只需要花一两百元。同事瞪大了眼睛，无语地看着我，仿佛在说，你傻了吧。”

“但我真的付诸行动了，我店里的衣服，按照一线品牌的品质去做，走的是高端的路线，价格却定位在一两百元。”

“很多时尚大咖会告诉你这样一句话：与其花 5000 元买一堆衣服，不如用这 5000 元买两件高品质的衣服。可我却拥有几百件高品质的衣服，有一间几十平方米的专属衣帽间，放满了各种首饰鞋帽和出席任何场合都穿不完的高档衣裙。它们分区摆放，哪怕不开灯抓瞎拿一件，也是精品中的精品。但很多女孩子，或许没这么幸运。”

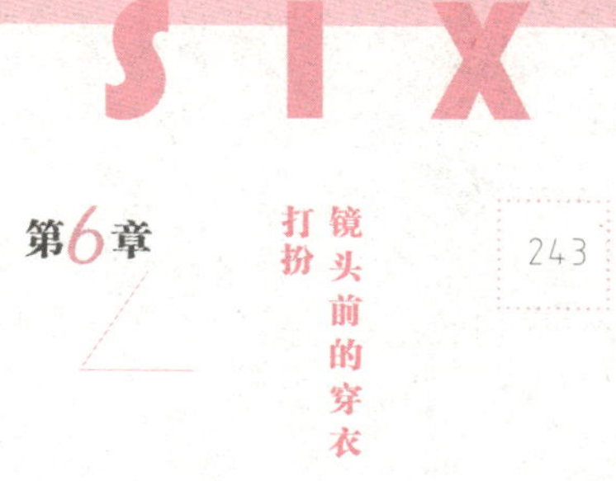

"所以，我想给灰姑娘们，一个实现公主梦的机会。我要开的是一家这样的店：店里每件衣服都值几千元，但其实售价只有一两百元，让姑娘们可以使劲儿买，无忧无虑地买，然后拥有很多很多的高品质华衣美服。"

开店带给你了什么？

"在时间的累积中，我通过淘宝店结识了许多志同道合的姑娘。她们来自五湖四海，有些来自地球的另一边，但她们和我一样喜爱赫本，喜爱古典之美，喜爱那些美丽的旧时光，她们和我一样珍惜美衣，她们把从我这儿买走的每一件衣服都当宝贝，她们和我一样觉得衣服是有性格和灵魂的。"

"不仅仅是生日，就连日常里我也会常常收到来自买家邮寄来的礼物，有家乡的特产，有亲手缝制的小物件，自家酿制的葡萄酒，等等。有的买家去国外旅游，竟跨越重洋给我寄来明信片和当地零食……就是因为有这样一群美丽的天使在我身边，经常鼓励我、支持我，我才能将这家小店坚持做了一年又一年。”

“‘赫本的衣橱’是一人小店，我每天都利用业余的时间在做着相同的事情：设计、跑市场找面料、打版核对、工厂监督、大货验收、图片拍摄、后期整理、测量尺寸、上新、写描述、售前接待、售后工作、发货、熨烫、打包，忙到凌晨一两点是常有的事，第二天黑着眼圈继续上班。为了降低成本，我常常拖着大包小包的面辅料包裹挤公交车，满头大汗，蓬头垢面，每每这个时候，我最怕的就是遇到熟人。父母和先生都很心疼我，多次劝我放弃。可每次我想放弃，总有那么多的买家鼓励我，自己内心也有个声音在告诉我：别忘了你开店的初衷。”

“我从未对店铺做过任何宣传，也不做任何推广，店里百分之八十以上的宝贝都有固定的买家。我喜欢就这么安心地守

候着这间小小的店，每天和志同道合的姑娘们打交道，远离淘宝的商业铜臭，就像一朵开在角落里的小花，虽然不起眼，但当你看见它时，会欣然微笑，心会突然变得柔软起来。”

“对于店铺的将来，我没想过要把她做到多么大，我只希望她好好地、平稳地走下去，带着我最初的想法。”

可以分享一个开店至今发生的故事吗?

“几年前，我刚开始做淘宝店主，自恃自己店里衣裙的质量可以傲视淘宝网其他同价位店铺，于是异常骄傲和自负，不容许有人像买白菜一样对待我的衣服，不容许不懂衣服的人购买她们。她们虽然标价便宜，但是她们身份高贵，绝不仅仅是一件用金钱来衡量的商品。”

“有一天，店里来了一个等级不高的新手买家，咨询了几款衣服后，她说，这几件我都买了，能优惠吗？我拒绝了。于是，

她开始了和我的砍价拉锯战，五分钟后，不胜其烦的我默默地把她拉进了黑名单。”

“原以为事情就这么结束了。时间过去了两年，店里的老客人越来越多。其中有一个买家，每周都在我店里购买衣服，从不还价，就连我给她包邮，她都十分善解人意地拒绝了。少则几件，多则十几件，从未间断过。她经常和我聊她对这些衣服的感悟，她说她能看到衣服的前世今生。我能感觉到，她对这些衣服的爱之浓，一点也不输给我。我为衣服们找到个好归宿而感到高兴。”

“终于有一天，她问我：‘你还记得两年前，有一个因为还价，被你打进黑名单的人吗？那个人就是我。因为你把我拉进了黑名单，所以我不得不另外注册了一个号来买你家的衣服。’”

“那一刻的我，别提多震惊。各种情绪五味杂陈，当时的我，

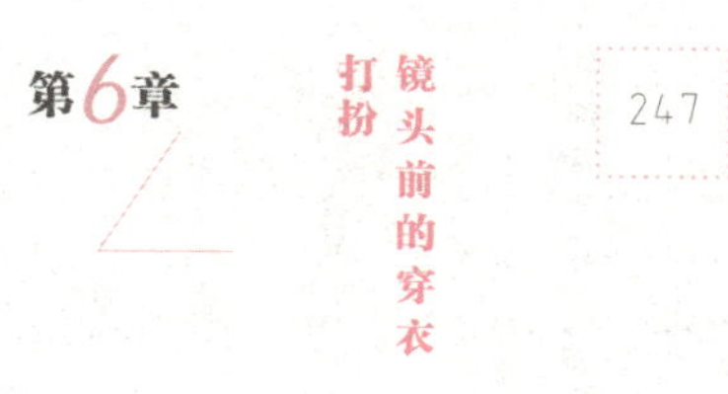

脸红得似火烧。从那以后，我收起了我那无聊的骄傲，放低姿态去接待每一位买家，并学着站在她们的角度去思考和交流。”

作为设计师，你最偏爱什么款式？

“店里大部分的衣裙是我设计的。”

“端庄大方、优雅知性、经典永恒，是我的设计理念。在这些衣服的衬托下，能够赋予衣服主人‘腹有诗书气自华’的气质。与那些迅速在流行中淘汰的时装有所区别，一件好的衣裙，并不仅仅是包装一个女人的外在美，同时也应该提升她的内在涵养。就像暴发户和贵族的区别，都很有钱，但却大不相同。拥有一百件流行服饰，不如收藏一两件经典衣裙来得有品位。”

“我个人十分喜欢小黑裙，就像我衣服吊牌上的那句话：一百年不变的风格，永远和流行无关，却从未退出时尚的舞台。每个女人，都应该拥有一件高品质的小黑裙。小黑裙是百年的时尚宠儿，更是都市战场上必备的优雅盔甲。”

“每一条裙子我都视为我的亲生骨肉，手心手背都是肉。但非要说个最喜欢的，应该是荷叶边的那条小黑裙。古着级的做工，每英寸17针的严谨工艺，国内市场上最高档的麻纱面料，立体剪裁，纯手工折边。一个熟练的工人，每天也只能做几件而已。这样一件衣服，一百多元的售价，貌似侮辱了她的身价，但这是我的开店初衷——给平民女孩一个贵族梦。”

“这款裙子可以搭配小西装外套或短开衫在办公室穿，下班后若是有酒会或宴席，脱掉外套就可以直接当小礼服出席正式场合。即使平时逛街或约会，也不显突兀，是可以适应城市生活任何场合的一款小黑裙。”

“记得有一次，我和先生去逛一个高档展会，宾客们进入大门的时候，我前面的人和后面的人都没有得到什么特别待遇，可门童却唯独对我鞠了个躬，那天，我正是穿着这款小黑裙。”

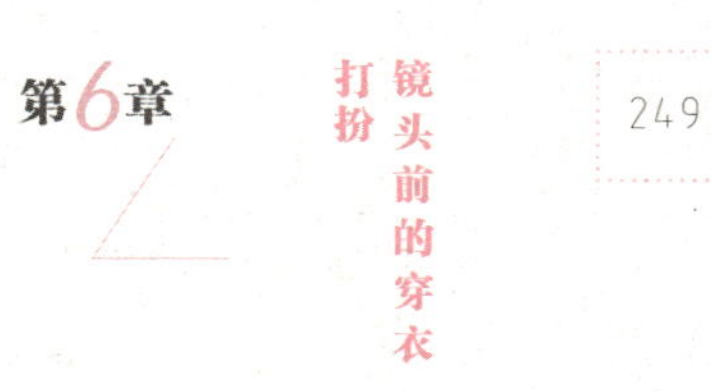

第6章 镜头前的穿衣打扮

“日常生活中，我的穿衣风格很广泛，特别的喜新厌旧，什么风格的衣服都尝试过迷恋过。朋克嘻哈、动漫萝莉、性感妖艳、古风禅意、中性冷酷、端庄稳重、复古文艺、美式运动。不过到了最后，当所有风景都看透，还是喜欢细水长流的简约文艺范儿，温柔大方，简单安静，仿佛可以带着人回到那些美好的旧时光。仿佛入禅定，能带给内心最平稳的感觉。”

“不过有一样服饰，至今依然很爱，从未停止对它的探索和收集，那就是和服——全世界工艺最复杂的服饰。”

针对每一种场合，你的穿衣搭配秘诀是什么？

“‘简单就是大牌。’这是一个建筑大师说的。”

“同样的，也适用于服饰。”

“如果你是穿衣高手，如果你对搭配够自信，那么你尽管让自己时尚让自己潮。”

“但若你对穿衣搭配的领悟一知半解，甚至根本不懂，只知道今年这个款式这个颜色好流行，那么拜托你还是老老实实穿T恤吧，至少这么穿，没人能看得出你究竟有几斤几两，说不定是个低调的高手。”

“要么穿出大牌感，要么安心低调。千万不要穿出钱锺书先生说的那种‘乡土味的洋气’，会很雷人。”

“这就是我的秘诀。不管出席任何场合，‘简单就是大牌’。哪怕只是穿一件吊带衫示人，面料做工版型也绝不能马虎，绝对不能廉价。”

“还有，除非你是色彩搭配高手，否则，别让自己身上的颜色超过三种。”

假设外出旅行半个月，你有没有必备的“万能百搭装备”？

“如果是半个月的旅行，通常我会带那种不占地方轻薄的

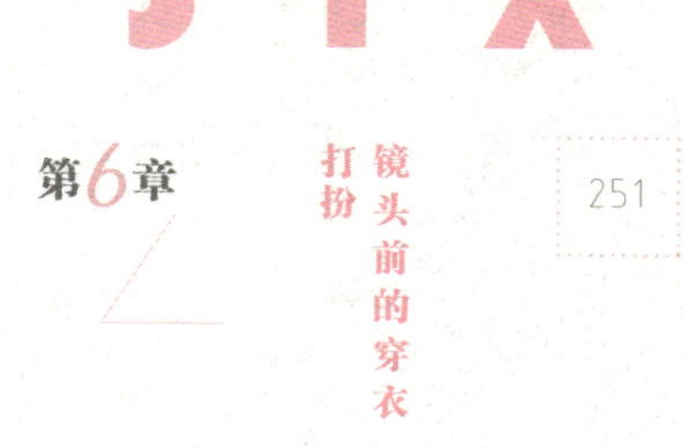

面料，卷起来小小的一件。厚的衣服通常是穿身上。那种袖子可以卷起来也很好看的连衣裙是必备的，可以应付四个季节的温度。”

“一块花色好看的大方巾也是必备的。可以做头巾，可以做披肩，可以当围脖，也可以扎头发，还能做包饰和腰饰。真是万能的呢。而且，即使你的衣服不够复古，哪怕你此刻穿的是T恤，但是头巾一裹，大红色的口红一抹，梦露年代的感觉立刻就呈现了哦。”

哪一款衣服你认为最上镜?

“分场合吧。美术上有个术语叫‘环境色’，也就是你在画一个物体的时候，要在物体本身调入周边离它最近的那样东西的颜色，整个画面才和谐。穿衣服也一样，因为照片拍出来，你就是照片中的其中一个物体，所以，上不上镜，是环境说了算，不是衣服说了算。”

“除了白衬衫，没有什么衣服在任何场合都上镜又或者说在任何场合都不上镜的。比如去海边，最佳穿着是白色，其次是黄色和蓝色，海边你穿件紫色的试试，估计照片出来是惨不忍睹的。而咖啡厅等类似环境，黑色和正红色则会和高雅的环境相融合。”

“而且，拍照好看的衣服不一定经得起推敲，很多廉价的衣服拍照也很好看，可惜，它不敢从照片里走出来。”

分享一下你的穿衣打扮历程吧！

“很小的时候，那时候很喜欢用铅笔画下自己喜欢的衣服款式，虽然笔触幼稚，但却非常认真地‘设计’了一套又一套。有连衣裙，有婚纱，有礼服。然后用自己的旧衣服，还有妈妈不要的丝巾毛领什么的，给我的三个芭比娃娃缝制新衣服。那时候的针线活儿很差，一个孩子，缝出来的针脚歪歪扭扭，但

是异常认真。”

“幼儿园时期拿我的三个芭比做练习，亲手为娃娃们制作了不少新衣。上了初中，父母开始给我请美术家教，我开始了真正的美术入门。那时候就不仅仅满足于给芭比做衣服了，而是用家里的旧窗帘布、盖沙发用的蕾丝等一切可以利用的布料，开始给自己‘设计’礼服，然后动手缝制，然后一个人在家对着镜子穿上自己设计制作的大礼服，搔首弄姿，臭美半天。”

“上了高中，对美丽衣服的占有欲更是强烈，开始用零花钱或者央求妈妈给我购置了很多的衣服。坚持一套衣服绝对不穿两天的原则。由于家里经济条件不错，那时候总是引来老师和同学的羡慕嫉妒恨。”

“可是突然有一天，得意的我被爸爸泼了一头冷水。”

“爸爸说：‘你的裙子再多，’他指着挂在阳台上晒的一条连衣裙，‘但都是那样的，不上档次，顶多是个爱打扮的家里有点儿钱的大小姐，’爸爸接下来说的话，是我许多年后依然字字清晰地记得的，他说：**‘衣服分为几种功能：一是保护、二是遮羞、三是标志、四是表达，最高级别也就是第五，才是审美。**而你，现在连第三个阶段都达不到，衣服再多也顶多是遮羞，’爸爸接着说，‘你买那么多衣服，不如用那些衣服的钱，买一套好衣服。你别不服气，等你长大后，终有一天会明白我的话。’”

“后来我毕业了，工作了。接触了大量的高端品牌成衣和时尚圈内人，随着见识的增加，才渐渐明白了爸爸许多年前跟我说过的话。而那时候的我，竟还觉得他是个落伍的老教条呢！”

关于穿衣打扮，来自薇薇的建议

◎ 身上的衣服、鞋、袜，加起来颜色不可超过三种（黑白不算）。

◎ 宁缺毋滥。只选好的，别贪多，钱不够的时候，宁愿先攒够了再买，也别买便宜货。

◎ 别穿烂大街的款。

◎ 除非选婚纱，别买带水钻的衣服，土得掉渣。

◎ 除非你的目的是夜店猎艳，否则别穿紧绷的衣服，显山露水的款式会让你充满了风尘味，性感也是分档次的，而穿紧绷的衣服是最廉价的那种性感。

◎ 黑皮肤的人尽量避免穿紫色；白皮肤的人穿粉色则会显得气色很好；肉色系的衣服能让人从你胖嘟嘟的手臂上转移开视线；大红色则是文艺范儿的必备色。不管你皮肤是什么颜色，除非你气质很好，否则尽量不要尝试亮黄色。

◎ 我个人喜欢黑色、白色、高级灰。因为永恒，因为经典，因为这几个颜色是时尚界永远的 VIP，她们只需要安静而端庄

地坐在那儿，冷眼看着其他颜色在这个舞台上匆匆登场又匆匆谢幕。

◎ 想要穿出名媛气质，高品质的小黑裙则是衣橱不可或缺的法宝。

◎ 备一件简单又质感柔软的白衬衣，一种无须暴露却异常性感的着装。亦舒说：能把白衬衫穿得好看，远比 32D 大胸重要多了。

◎ 连衣裙上加一条腰带，可以改变你很多。

◎ 胳膊粗的人，又想穿无袖，选择一字领（专业点的叫法应该是船领），视觉上能给胳膊抽脂，还能拉长颈部线条。

◎ 包包和鞋子比衣服更加要求品质，非大牌不要用（这里说的大牌，可以理解为大牌的质量），如果达不到此要求建议拎一个大小颜色和衣服相配的购物袋或包装袋来装你的随身杂物。这个理论和“不懂搭配就穿 T 恤”同理——做一个低调的高手。

◎ 买衣服时，我会考虑四个因素：

①面料；

②做工；

③版型；

④它是不是现在烂大街的款。

◎ 脖子短的女生，应当避免穿卡住脖子的小圆领，露在外面的那段脖子，正好昭告天下你脖子的尺寸有多短。脖子短的人建议选择船领来拉长颈部线条，或者穿大 U 领把胸前一片全露出来（以不走光为准）。同时后领选择低一点儿比较好，正好露出女人最美的后背线条——天鹅颈。有兴趣的可以去观察一下和服的穿着图片，日本女人为何包裹得严严实实却有着天然的性感，就是因为和服的后领外翻，露出的那段天鹅颈，低眉回眸间，有一种摄人心魄的美。

◎ 腰粗的女生，腰带可以帮你解决很多烦恼。别以为腰粗就要穿件麻袋，把身体遮盖别人就不会发觉，只是你自己这么认为而已。如果是大摆连衣裙系腰带，记得把上身接近腰带的衣服面料弄宽松一点儿，同时裙摆要蓬松，这样在视觉上能让腰变细很多。

◎ 大腿粗的妹子，又偏偏想穿短裙或短裤，那就穿上比你大腿体积庞大更多的宽松 A 字摆短裙或短裤，千万别贴在大腿上，松松的裤管和你的腿形成对比，你的腿自然就变细了。

◎ 小腿粗的妹子，应当避免穿长度正好到小腿中间的裙子。要么露出整条小腿，要么盖住整条小腿。

◎ 小个子的妹子，穿高腰线的及踝长裙，能让你增高 10 厘米。除了头，以下全是腿啊。这一点同样适用于想变得更高的高挑妹子。小个子的女孩若不喜欢长裙，则尽量选择短裙 + 短衫的搭配，来增加腿长（短衫指长度不超过或正好在腰部的）。

◎ 如何找到个人风格，自然是要和你的周围环境相和谐啦，除非你是明星，否则还是不要成为周围人眼中的另类比较好。

VEE的简约都市款

我穿着Vee在采访中提及的优雅小黑裙

Vee说："这款及膝伞裙，是我设计的。经典小黑裙一般都很长，到脚踝，个子矮的女孩穿上去整个人就下沉了，根据原来版型，我改良，选择有一定厚度的面料，加上大褶子，裙摆就立起来了，穿上去有品质感。比起定价，检验品质最好的标准是看穿的时间，很多人买裙子，穿了一个季度，就扔一旁，再去买新的。我觉得真正会买衣服的人，是过了两年还会去穿，今年搭配毛衣，明年可能搭配衬衫，每年都有新的感觉。品牌的设计感好，就不会穿厌。同一条小黑裙，现在也许只买得起一件60元钱的汗衫搭配，三年后，买得起一条3000元的真丝衬衫时，这条小黑裙依然搭得漂亮。"

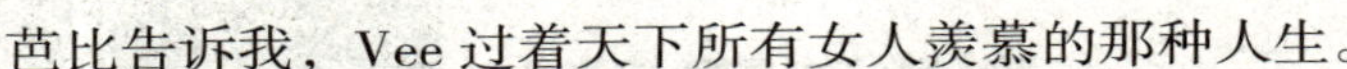

芭比告诉我，Vee 过着天下所有女人羡慕的那种人生。

见到 Vee 本人，她涂着大红色口红，也微笑着承认，“目前为止一直过得很开心。”

似乎总是顺风顺水，不喜欢读书，家里纵容她画画，成为艺术生，考取中国美院，在西湖边诗情画意，毕业后，设计院上了几天班，觉得不喜欢也就辞了职。

重新遇到中学男同学，读书时代就喜欢 Vee，两人在对的时候遇到，结婚，生了个儿子。老公只要她开心，支持她开了一家淘宝店，卖好看衣服。他在工作室上班，做平面设计，赚钱养家，有时为她的淘宝店当免费劳力。

“她遇到了一个很好的男人，从女性角度来看，他给了她最温暖的支持：不指望什么，只要你开心，你不想上班，就不去好了。”作为 Vee 的好友，芭比说。

有一天，公公婆婆忍不住嘀咕了句，年轻人要好好工作。老公立刻站出来，“我说过了，有任何事情和我说，不要当着

Vee的面。”

其实她心里也清楚，一开始做淘宝店只是觉得好玩，穿漂亮衣服拍照。

后来，店做着做着，第三年，她发现这就是她想做的事业。

Vee 本人身穿店铺的衣服

怎么会想到自己开店呢?

“2009年裸辞设计院的工作，背着小包来到上海的‘小沪漂’Vee，大件行李只有一条跟微姐一起淘来的贴布绣绗缝被（大瓢虫手工贴布绣，现在夏天还在用，哈哈哈）。在徐家汇那个老旧小区楼道里一边和蚊子斗智斗勇，一边拍照片的夏天，不到15平方米的一室小蜗居里，两个人的生存空间被一大堆新到的货和包裹挤到角落里。这就是我和微姐的小小店铺的雏形。可是现在想起来觉得有这样一段人生经历非常有意思。”

“Tale Twins可以说就是我和微姐最最黏糊的阶段——双生姐妹花，现如今我和微姐是一边吵着一边爱着。Tale Twins中文意为‘双乘记’，这个名字灵感是来自那部小说tale of two cities啦，这是我们两个好到像twins一样的姐妹的故事，到现在我们也很爱这个名字。”

“twins其实还有一个意思，有一群女人，她们的外表和

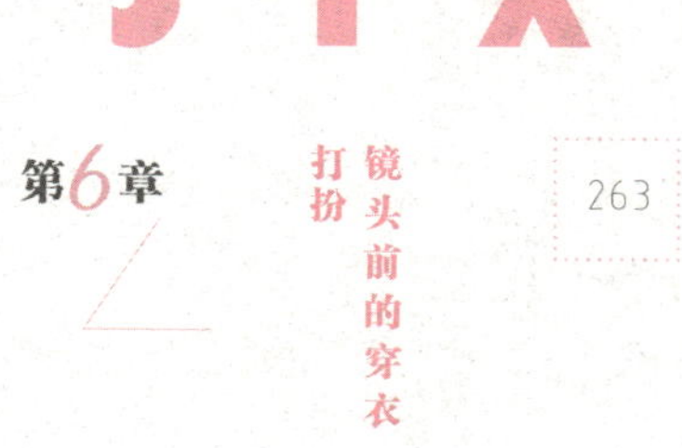

内心是一对 twins，有很深的联系但往往反差很大，比如，她喜欢的和她真正适合的，她最邪恶最自由的那一面和最静好最愿意让人感知到的那一面。穿衣服买衣服也是同样，每个女生最多穿出来的样子，和她最想给大家看的样子，有时候甚至可以吓倒最熟悉的人。像范晓萱，全世界都爱她乖乖的《深呼吸》，但后面那样的小朋克小摇滚才是她的超级真爱。她们往往都受过好的教育，家教很传统正规，个体思想非常独立，经济也非常独立，不依附，个人气质强烈且层次丰富。你走近她，可能未必记住她的脸，但是一定能记住她的气场。就像汤唯，她拍完《色·戒》以后，再怎么被封锁雪藏，就算再也不演戏了，大家也不可能忘记她。”

对于衣服的设计有什么要求？

除了身兼老板娘和设计师之外，Vee 还是店里的模特。她不介意做一个小众的网店，她希望客人和她有类似的品味，类似的身材，类似的消费力，“我拍的照片都在自然光下，实实在在，这样客人看了就有参考，直接脑补她们穿上之后的样子。”

去外贸公司看货，对方给出二十多个款，几十个颜色，最后她只要三款的两种颜色，“既然是买手货，就给客人挑选我觉得最好的，这些衣服我平时也会穿。”

“好看、舒服、面料好、做工细、实用强、容易搭配。”

这是她的六个标准。

“如果是设计定制，要跟进的更多。从面料开始，大批量定，同一个分配商存在染色问题，面料也有机理厚度的差别，不同工人的手工工艺，也存在差别。我在跟进的时候，体悟到大牌就是大牌，质地什么都不一样的。牛皮是否完整，皮草拼接得好不好，很多细节问题。”

对于店铺未来的打算？

“十年后，我还在做我的店：双乘记微家，体现我这一类人的生活态度和审美，不管怎样，我在做让我开心的事情，把

我喜欢的东西带给认可我的人，毕竟，在这个世界上能把自己喜欢的事情作为工作，是很难得的，也是非常幸运的。”

“希望店越来越好，我指的是风格好、品质高。一直做个小众的店，我能力就在这里，只要把认可我、喜欢我风格的客人服务好，我就觉得我做成功了。”

作为设计师，你最偏爱什么款式？

“Tale Twins 目前系列更多的是让 OL 或者这个年龄的有思想的女生，在穿着上更有自信，让有品位不盲从的衣着帮她们传达内心气质，调动她们自己气质的光芒，她们是 office 里的 lady，而不是 office 民工。”

“而我个人的爱好非常宽泛，因为我觉得衣服没有美丑，只有搭配得当与否，适合自己与否。所以我比较喜欢的更多的是一种风格，中性气质的混搭风格，因为中性的东西特别能够传递内心坚毅的感觉，同时还非常性感，它可以是夹克、西装、长裙，等等，然后把它们搭配在一起并且和谐共存是一件很好玩的事情。”

“目前正出售的衣服，我最喜欢的是 2010 年的一款双排扣西装，一直完整保留穿到今天。个人觉得大概是把我喜欢的西装做到极致了。个人喜欢的风格其实总是带有中性色彩。一件衣服、一条裙子、一个包包、一双鞋子，总有一样会成为我们的挚爱，对于一个有细节控的人来说，除去用了非常非常棒的材质，有了很棒很适合我的版型以外，一针一线表达出制作者心态，这个世界上总有一些东西不是为了真正的实用而存在，而仅仅是为了更美好更精致而存活。”

“我会自留一些店里的衣服，过了半年一年，再搭配新款拍照，顾客看了后留言，问老款还有没有卖，觉得很好看。这说明我选择的东西不会过时。而且我不看牌子，我自己的东西很多不是大牌，但是穿三四年，依然觉得好看。”

“好的衣服要取悦自己，我看到觉得开心、觉得漂亮，说

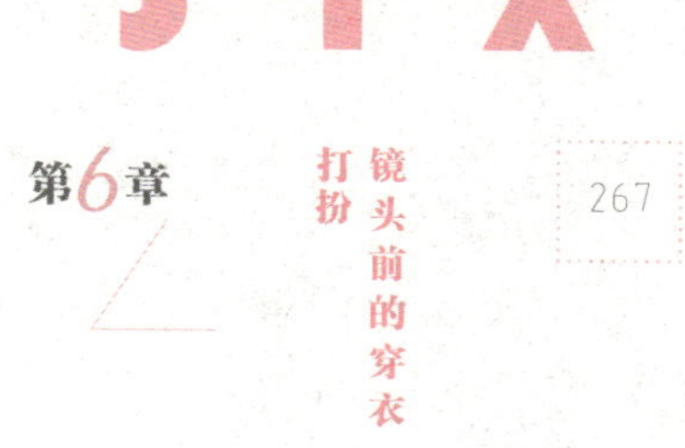

服自己才能说服客人，客人不傻，加上淘宝网那么多店，纵向横向对比，就算不懂服装，买了几次就自然知道了。”

关于包包和鞋子，你是否有经验可以分享？

“这两样东西，千万千万别买便宜的，物美价廉的东西不可否认存在，但是不要忘记在寻找的过程中会大量地浪费我们的时间，我已经过了花大量时间寻找所谓的性价比的年纪。自己做了产品后自己心里明白，真的好东西它所蕴含的品牌精神和匠心工艺注定它不可能太便宜。买一大堆便宜货，最后真的要用却发现没一个拿得出手。”

“另外养护与购买一样重要。包包与鞋子的保养得当也使一个人的修养提升。在养护的过程中慢慢就会知道它们的材质特点，这样才能更好地驾驭它们。这也是为什么我自己的鞋子包包用了五六年都像新的一样的原因。”

关于穿衣打扮，来自 Vee 的建议

◎ 基础的单品一定要少而精。不要抓瞎买一大堆乱七八糟的东西。

◎ 养护与购买一样重要。

◎ 理性正确地认知自我，穿衣化妆都算装扮自己，找到自己的优点，认知自己的缺点。扬长避短，扬长远比避短更容易出彩。同时永远保持尝试的精神。

◎ 确定好符合自己的定位目标。

◎ 衣服上亮片之类发闪的装饰品，做得不好容易显得廉价。

◎ 做不好加法的时候学会做减法，宁少不多，有一两个重点，不要遍地开花。

◎ 穿衣打扮是一种享受而非负担，如果成为负担请后退一步。

◎ 颜色上，我个人喜欢无色相颜色，简单来说就是黑白灰，可以搭配任何有相颜色，永远不会错。

◎ 最上镜三宝：西装、白衬衫、连衣裙，能够提升气质，

对一般人来说也不会出错。记得做不好加法的时候请做减法。

◎ 最不上镜：T恤、背心、短裤。最轻松随意一面留给自己就好，而且越是这样轻松随意的单品越考验气质，穿不好分分钟变买菜大妈。

◎ 穿衣搭配的最大秘诀是：你是否了解自己 & 永远要保持勇于尝试的精神。对自己的身材、肤色、年龄、适合的颜色等，理性认知之后勇于尝试不同风格。对于女性来说，永远要知道爱自己多一点。lady 原则第一条：精致优雅的小黑裙。我个人认为干净、精致、细致都是第一要素。

◎ 每个人都会有个人风格，我觉得不管别人接受满意与否，我们都要找到适合自己品位的个人风格。最简单的做法是模仿，选好自己喜欢并且适合自己风格的标样，从模仿开始。

◎ 我至今都非常迷恋吸烟装、赫本裙。

◎ 出门旅行，我的箱子里会放连衣裙，还有中长款休闲外套。连衣裙的好处是方便，不用考虑搭配，外套非常实用。另外，配件也很重要：墨镜 + 运动鞋 + 随身小包。

后记：我们谈论了太多的道理，不如闭上嘴，实际地做一件事

认识我的朋友最近都发现了我的改变。

我变得越来越少谈论道理，越来越多的时候，拥抱形而下，付出行动，热衷于反复去做某一件具体的事情。

譬如，我出版了一本关于爱情的书，基本不谈爱情的任何道理，反倒是采访了 42 对情侣，记录下他们的故事。

譬如，我正在书写这本关于文艺女青年生活指南的书，基本不谈任何抽象的文艺概念，而是大聊特聊了一件事——自拍。

在这里，说一说原因，也许你能明白。

每个人在年轻的时候，总会有那么一个阶段，热爱阅读道理，表达能力强一些的，执着于书写道理，并引以为豪，堪比登陆月球的阿姆斯特朗，人类史无前例的第一步。

关于这件事，并不可耻，甚至值得称赞。

毕竟，十八岁那年，对世界一无所知，每一次的新体验都是惊心动魄的冒险，因为从未有过相关的经验，彷徨，迷茫，双手空空。冬日黑夜，站在十字路口，渴望有个人提着一盏灯，递来一杯热茶，陪伴着走一段路。

指路人没有出现的时候，小心翼翼，如履薄冰。每一回的失败跌倒，都壮烈而无助；每一回的重新出发，都是绚烂日出的希望；每一回的抵达，都是堪比上帝创世的伟大。独自摸索的路途，将故事一一写出，兴高采烈，手舞足蹈，发明了一个又一个理论，孜孜不倦，与人分享，与人谈论。

对于人生道理如饥似渴的阶段，埋下一颗独立思考的种子。倘若雨水充足，土壤肥沃，生根发芽，未来必定长成参天大树。不过，当一个人永远在谈论道理，或多或少有些不可爱。

如果说，十八岁到二十五岁的那七年，是成长的最初阶段，希求人生指导，该往哪里去，该搭乘何种交通工具，到达目的地后该做些什么。那么，在吸收了大量道理的巅峰的二十五岁之后，我们大部分人都将进入下一个阶段，多有趣，像是游戏进入第二道关卡。

开始面对真正生活的考验时，我们闭上嘴，越来越少谈论道理，越来越多的时候脚踩大地，买菜做饭。曾经以为天底下的道理老子全都通晓，结果却发现在谈论道理和真正懂得之间，还有一段长长的路途要走。即便是已经懂得，许多事往往涉及不同的个体，变得更为复杂。

有一种宗教，它信奉每一样东西里都包含了一个上帝，我喜欢这种想法，在过去为期两年半的“交换梦想”采访中，我走遍了中国，也去了冰岛，见到了上千个陌生人，与他们共同生活，听他们的故事，知道他们的热情所在。我越来越发现，能够在一件平凡事物上找到“神”的所在，并且做到极致，无论是任何事情，那都是必须被赞许的伟大。

来自佳木斯的小峰是一名发电厂一线员工，被线路图吸引，决定一生贡献发电厂，梦想是去百万机组工作。

来自沈阳的小孔是大学应届毕业生，从小爱说话，买冰棍也要和老板聊半天，梦想是做一名讲师。

来自长春的梓晴是电台广播员，第一次坐在直播间，被话筒的魅力吸引，梦想是一辈子做广播员。

来自澳门的 Sarah 是中国乒乓球队的队员，一颗球．一块板，这是她最不能放下的东西，工作再忙，周末也要去打球。

来自喀纳斯的蒙古少年察汗，村里的赛马手，他喜欢躺在马背上睡觉，他说他对世界一无所知，没有梦想，但是唯一知道的一件事就是他会一直骑马。

……

生活是关于细枝末节的感受，我们谈论再多的道理，懂得再多的大纲概念，始终不如亲自去体验其中种种复杂与无常。

正因遇到这些人，对于“文艺”我有了新的见解：它未必仅仅是文学与艺术，未必是高傲的诗与远方，未必一定是赚钱饱肚之外的闲事，它是一种生活的态度，它充盈在现实的琐碎之中，它构成了我们的精神家园，它可能是任何的事情，任何一件使得生活丰盛、灵魂厚实的事情。

生命有限，文艺使我们活得深刻。文艺，存在于“一日三餐”之中，存在于须臾不可缺少的呼吸之中。文艺使我们摆脱了肉身的狭隘，因为精神的追求，因为燃烧的热情，因为细腻的感动，我们超越了自身的生物性，每天进化成为更好的自我，甚至被自我所愉悦，从而愉悦他人。

这里所说的自我愉悦，与贬义的自恋不同，那是一种因为一次次更了解自身带来的成就感，那是一种旁若无人的对于信念的坚定。雅典神庙刻着“认识你自己”，这是每个人一生之中必须面对的问题，也许算是最难的一个任务。

因此，当编辑与我签约这一本关于文艺女王养成的书籍时，我已找到大概的方向。我不愿意在整本书里太多地谈论什么是文艺，什么是非文艺，也不愿意分三五章节讲述关于气质养成的抽象道理。

既然是“指南”，那么，最实际最有操作性，并且最能避免夸夸其谈道理的，莫过于讲解如何自拍这件事。兴许，狡辩一些，大部分自拍是属于大头照式的自我娱乐，那么，如何将自我娱乐文艺化？这，就是本书诞生的原因。

本书的起名颇为霸道，写文艺女王养成手册的作者，就某种关联逻辑而言，作者本人应该是文艺女王。不过，读者请放心，作者素来与文艺、女王无太强烈的关联。读书时代，是一个埋头啃书的呆子；工作上班，是一个爱加班的严肃职员；即便走上写作道路，生活也基本无法以文艺形容，在家的时候，写稿、看书、睡觉，唯一的休闲娱乐是看电影。不在家的时候，采访、采访、采访，唯一的休闲娱乐是自拍。从来不参加任何文艺类型活动，不看演唱会，不泡咖啡店，不听分享会，即便有豆瓣账号也仅是发文章需要。

由此看来，本人算得上文艺的爱好，唯独三件事：阅读，看电影，自拍。

阅读与看电影，我没有达到能著书立说的地步，但是，自拍勉强可以，从 2009 年至今，仗着自拍七年的历史经验，姑且自大一回。

当一个作家教你自拍，这是一件稀罕的事情，这种感觉如同海明威教你护肤美容。促成我厚着脸皮写下自拍教程的另一个原因，那是在三年半前，我曾在网络上写过一篇关于自拍的文章，教女生如何为自己拍一组漂亮的照片，效果颇为轰动，后来的读者中，不少是因为那篇文章开始对我写的东西感兴趣的。虽然我一直心存好奇，因为后来我再也没有写过任何与自拍相关的教程，都是关于城市的随笔、采访的故事、书评影评。近日，朋友转发给我一个链接，在某个网站上，有人重新收集了一些关于“一个女生独自出行该如何为自己拍照”的帖子，其中，浏览量最高的一篇，是由热心网友转发的我的那篇教程。看起来，似乎此教程仍然是有用的。

我的生活容易给人错觉，认为旅游是我的主业，但其实根本不然，旅行不是我所喜欢的事情，甚至避之不及。只是在过去的这些年，我幸运地有机会前去各地工作生活，譬如，在冰岛的两个月是因为采访项目；在巴塞罗那的一年是因为上班；更早期的时候，在荷兰三年是因为读书；在爱尔兰半年是因为交换生项目，借着机会，签证便利，地理位置便捷，偶尔出游。

种种迹象看来，我在读书时代刚开始旅行较多，后期很快感到疲乏无趣，如果不是为了某种目的，对我来说，旅行几乎成为烧钱拍照的代名词。无论如何，早期的旅行经验，去希腊，去土耳其，去非洲加纳利，都使我见到了不同的风景，保留了对摄影的热情，并且在最初阶段，摸索出一系列自拍技能。

回顾这几年，毫不夸张地总结，自拍带给了我许多精神上的成长。

行走在陌生的城市，我开始享受一个人的旅途；奋斗在海外，我开始苦中穷作乐；当生活一成不变，我开始发现其中的细微美好；面对每一件衣服，找到它美丽的每一面，我开始惜物；有人围观的时候，仍然肆无忌惮地奔跑跳舞，我开始为自己而活；每一个年岁，面对镜头日渐自信，告别曾经自卑的那个小女孩，我开始懂得欣赏眼角越来越明显的笑纹……

这么说来，一部相机，一个三脚架，它们的确使我变得文艺。瞧一瞧带来的这些改变，哪一项不是文艺的具体表现呢？

一个写作的人，年轻的阶段，热爱思考，白天被生活蹂躏，夜晚在键盘上敲打所见所闻所感；文字成熟，阅历渐多，道理说得越来越少，窥见人生不易，言语无法总结，转身书写小说。

此刻，我 26 岁，站在这个转折点。

谢谢编辑的纵容，让我写了这些不讲道理的文字。

谢谢读者的好奇，一个作家教你自拍，会写成一本怎样的书，连我也迫不及待。

有些事可能也只有现在能做，如果到了老太太的年纪，再来出本自拍书，也许显得不伦不类。

至少我永远记得，童年时陪妈妈去眼镜店，她想戴隐形眼镜，结果店员摇摇头，告诉她，她的年纪是不能戴的。妈妈叹了口气，她永远没有摘掉过眼镜，也永远不会摘掉眼镜了。那时是我第一次知道，这个世界上居然有些事情年纪大了是不能再做了的。

当我长大一些，独自跑去眼镜店，恐慌地戴上隐形眼镜，整个世界在眼前突然那么清晰，我一点也不害怕，反而感到轻松——还好没有来不及。

我们为什么拍照？是为了留存片刻的感动，也是为了在日后缅怀那不可逆转的时光。我有一个朋友，他说他从来不拍照，也从来不会照镜子，所以，他一直在遗忘自己的模样，他已经无从知晓自己小时候的样子了。

听他说完，我更确定了一件事：要继续为自己拍照。

哪怕不好看，哪怕不给任何人看，作为一个记忆力极差的人，我需要这些照片，它们不断提醒我自己——

我活着，以我自己的方式美丽着。

我在这个世界创作，让别人去费时间评论吧！

出去生活！

我们谈论太多的理想，太多的主义，太多的概念，是时候了，出去生活！

有一天，卡夫卡和同事的儿子游览布拉格。

他们来到一家书店，驻足停留。

同事的儿子看着陈列的书籍，摇头晃脑。

“看来你也是个书痴！”卡夫卡感慨。

男孩点头，“没有书我是活不下去的，书是我的一切。”

卡夫卡却说：“这样不对。书本不能替代真正的世界，完全不能。生活中，万事万物都有其存在的价值与目的，无从取而代之。也就是说，透过他人的媒介物，你不可能丰富自己的经历。世界和书本的关系正是这般，人把生命限制在书中，如笼中之鸟。”

难怪，曼古埃尔在书里也曾感慨，他总觉得鼻梁上的眼镜在时刻控诉：这里有一个不愿直面世界的人，整日依赖纸上印刷的死文字。

W.H. 奥登的《教规时节》中有一首很美的诗：

“你不需要凭一个人在做什么，

来了解他是不是在度假，

你只需要看他的双眼：
厨师配置酱汁，
外科医生划下细微的切口，
职员填写提货单，
他们都有同样入迷的眼睛，
全身心投入一件事物。
那种目中无他物的神情，
是多么美妙啊！”

“重要的不是去计较真与伪，得与失，名与利，贵与贱，富与贫，而是如何好好地快乐度日，并从中发现生活的诗意。”

——林语堂

“人生充满劳作，然而人诗意地栖居在大地上。”

——荷尔德林

附录 1：关于在他人镜头前摆拍的一些心得

1. 与自拍最不同的一点是，相机在别人的手里，此时你不再掌控取景器，不再决定镜头远近距离，若与摄影师没有默契，容易带来负面情绪，尤其当你艰难地爬上墙，内心憧憬一张帅气的全景照，可是偏偏对方在抓拍你的面部特写。

2. 是的，与摄影师培养默契很重要。如同做菜，每个人拍照都有所偏好的光线、构图等其他的习惯。当你站在镜头前，将自己交给取景器后面的人，意味着信任，意味着对于对方审美的赞许。初次合作之前，浏览对方曾经的作品是很有必要的。

3. 会拍风景的摄影师，不一定会拍人；会拍人的摄影师，也不一定会拍你，更别提懂得如何拍出你最美的样子，以及拍出你想要的模样。后者的道理容易理解，前者或许诸多人不解。擅长风景摄影的人，往往很会构图，但是，如此一来，非常普遍地会忽略模特的表情和动作。

4. 如果邀约摄影师来到你所在的城市为你拍照，尽量自己事前决定具体的拍摄地，并且越熟悉越好，如曾经长大的老街区，下班经常散步的公园等。如果可能，最好是在脑海里有一些期待的画面和场景，语言表达能力强的可以转述给摄影师。

5. 由于广告邀请，我曾经三次被大牌的摄影师拍照过。第一次，是为了某网站的宣传，当时是人生首次进入摄影棚，也是首次被陌生人化妆，进入棚内，我告诉摄影师，只有面对自己的镜头和三脚架，我才感到安全，感到熟悉，甚至能够放肆。因此，那一次，摄影师在抓拍我的同时，我对着自己的三脚架自拍，又蹦又跳。

第二次，是为了一个名牌包拍摄宣传照，请来的摄影师与不少艺人合作过，也为各大知名的杂志拍摄照片。我原本以为自由发挥，没想到，化完妆，做完了头发，对方公司从衣服、鞋子和首饰都已经提前准备好，并且也画了草图，告诉我他们所需要的画面，我必须根据草图摆姿势。

第三次，为大众汽车旗下的一款新车代言，拍摄广告前，需要拍一组将来用于杂志、户外广告牌专用的宣传海报。摄影师和化妆团队常年与一线大明星合作。拍照的那天，凌晨四点开始化妆，同样的，对方公司已经准备了衣服、鞋子以及草图。我脸上的表情也被规定，“我们要那种淡淡的微笑。”

人生仅有的三次与大牌摄影师合作的经验让我知道，做模特是多么的辛苦，同时也有点无趣，毕竟和三脚架自拍比起来太呆板了。哪怕所用器材再好，灯光布景再细致，有二十多人的团队，有人专门负责化妆、换衣服、时刻上前补妆……可是，总有一丝奇怪的感觉，似乎摄影的乐趣被剥夺了。

6. 如果为你拍照的对象是熟悉的好朋友，那么整个拍照过程会非常有趣，更像是两个人出来玩。如果为你拍照的对象是约片付费的摄影师，那么整个拍照过程需要你自己清楚究竟想要怎样的照片，这桩生意的主角是你。如果为你拍照的对象是老爸老妈，那么，放肆做自己，不过也别期待太多。

7. 如果对自己作为模特这件事没把握，自拍也不见得能拍出好看的照片，那么，在别人镜头前摆拍的时候可以时刻询问对方，“我现在表情对不对？”“我怎么摆好看？”“我需要过来一点或者过去一些吗？”

8. 当摄影师告诉你该做些什么的时候，以摄影师为主，因为对方掌控相机，看得到全景，必定有他的原因，若无原因，姑且这样想，在决定成为对方模特的时候，你已经将自己交托给对方。摄影是一件讲究心情的事情，如果你有许多想法，与摄影师沟通一遍即可，切勿指挥摄影师，在拍照的时候，你的定位是配合。那么，倘若真的有很多想法，满到要溢出来，该怎么办？很简单，找个时间，扛起三脚架，自拍去。

附录2：在25岁之前懂得的十件事

答应过编辑，写一写关于心灵成长的收获。

我感到这种行为有些变态，在自拍教程之后，形而下华丽转身，高大抽象的形而上。

因此，故意写在了后记之后，有一个专有名词称呼为：附录。

这十件事，未必全部正确，即使正确，也无法保证在每一种特定环境下，能保证其正确性。

写下来的最主要的原因，在于希望爱美的你，炼就一身自拍技能之后，渐渐由外向内，成为真正的美女。因此，十件事的第一件事……

1. 18 岁开始，你的相貌由你决定。

一个人每天跑步，和根本不跑步不锻炼的人相比，一个月内，看不出差别；一年也许也没有太大的差别，但是坚持到了十年，身体体质完全不一样；三十年之后，全部写在了脸上，坚持跑步的那个人看起来明显比根本不锻炼的人年轻得多，皮肤紧致，身体健康，甚至心态个性也可能不一样，更开朗，更积极乐观。

也许，自从出生，父母未曾给你精致的五官，未曾给你超模的长腿，但是，18 岁，当你掌控了自己的人生主动权，你决定自己每天吃什么，穿什么，看什么书，欣赏什么电影，结交什么朋友，拥有怎样的生活作息，这一切，都在塑造你的模样。也就是说，18 岁开始，你的相貌是由你决定的。

一个人的饭都吃些什么，是看得见的。

一个人的书看得多不多，是看得见的。

一个人的时间花在哪里，是看得见的。

2. 25 岁只是漫长旅途的起点。

15 岁看 25 岁，感觉不可理喻，简直太老，但是到了 26 岁，发现 25 岁仍然太小，现在也小，对世界仍然有诸多不解，仍然满怀好奇。人老的最大的标志，除了眼睛变老，还有一点，不敢再从头开始任何事情，变得畏首畏尾。譬如，不敢再去读一个学位，不敢追寻真爱，不敢去学一种新技能。如同蜗牛，故步自封在安全的壳里。

可是，和漫长旅途相比，25 岁仅仅是一个开端。人生不能以钟表为单位计量，有时，每一秒钟可以是一辈子；有时，有的人一辈子其实只过了一秒。也许现在的你，认为已经拥有了全部，或者拥有了生活的大半所需：稳定工作、家庭、孩子……遗憾地告诉你，生活从来不易，你拥有了，就要忙着去平衡你与它之间不断变化的关系；你尚未拥有，就要忙着去追逐它；你拥有但是失去了，在悲伤之后，要么适应没有它的生活，要么重新追逐它。

总之，这趟旅途注定会很忙。

3. 做一个有趣的人，从学会独处开始。

拥有呼朋唤友的能力，不等同于你是个有趣的人。虽然有趣的人往往令人喜欢，不自觉想要去认识，但是悖论是，有趣的人需要独处，只有通过独处，才能变得越来越有趣。在人群之中，除非你想要研究人性，成为人性专家，否则基本上很难学到任何有用的东西。学习与见识最大的不同，便在于“悟”一字，独处时，才能够静心地思考吸收。

也许一开始独处会使你感到不习惯，平日总有人陪伴，突然一个人去吃饭，一个人过周末，甚至还感到羞愧。可是，当有一天终于适应，你学会了在独自吃饭的时候享受美食；学会了在周末与自己相处，写字看书画画。日子久了，独处是一件容易上瘾的事情。你的内心丰盛，你真正地成为了一个有趣的人。

在一群人的派对上，你享受狂欢。

在一个人的房间里，你享受另一种狂欢。

4. 不必解释，各有各忙。

真相是，地球上的全人类都在背负各自的苦痛。

真相是，每个人都是孤独的，尤其涉及感受的时候。

这种感受正如同饿肚子的时候，走在超市，见到什么食物都想往购物篮里塞；吃太撑，肚子要爆炸的时候，路过烧烤摊，只想吐。一个太饱的你，无法理解刚才太饿的你。更何况是你与其他人之间的理解呢？我们所担负的角色不同，更难做到感同身受。我们奔波于各自的烦恼，也只好向各自道一声，辛苦了，其实内心不约而同，都在喊着，只有我最辛苦！

也许有一天，我终于体会到你当时的苦痛，但也只是过去的事情了，很有可能一半人这一辈子都无法体会另一半人的悲伤苦痛。体谅很难，做到真心的关怀也很难，最简单的一件事也就是在别人口出恶言，使你为难的时候，不必解释，转身做事，各有各忙。

有些轻而易举的事，因为没有去做，你为自己感到骄傲。

5. 阅读，为灵魂做面膜。

做面膜，往往是在一个人最轻松惬意的时候。这样的时刻，她属于她自己，不化妆，穿着最舒适的睡衣，长发扎起马尾，不说话，戴上一副湿润的面具，或许打开音响，听着最喜欢的音乐，瘫坐在沙发上，发发呆，想想心事。

推荐一种双效的保养方式：一边敷面膜，一边阅读。因为，阅读是在为灵魂做面膜。阅读的时候，你同样属于你自己，以最舒服的姿势面对一本书，思想是自由的，心情是轻松的。没有人逼迫你读完，若不喜欢，随时可以与书本分手；没有人苛求你的身份，书在手中，你便是它的主人，哪管你是千万富翁或是街头乞丐，书中内容不会因此不同。

当你愤怒的时候，读一本书，帮助你恢复冷静。

当你失眠的时候，读一本书，陪伴你度过漫长黑夜。

当你面对无常的时候，读一本书，书中的文字也许是无常世界唯一永恒的东西。

6. 无时无刻，接受改变。

人最惧怕死亡，因为它未知。这句话，越长大越不认可。死亡哪里未知了，我们都知道自己会死。人之所以惧怕死亡，最根本在于人惧怕改变。我们害怕失去亲人；我们害怕站在台上演讲；我们害怕恋人的离去；我们害怕被公司辞退。对于无可避免的改变，我们都知道会发生，但是祈祷越晚越好；对于现状虽然差，但是可以接受的改变，有时我们惧怕承担代价而拒绝，有时我们只是太懒。

25 岁，是时候开始学习这一堂生命最残酷的课，过往的经历，只为了使你坚强得足以接受它：不变的是改变。曾经你最相信的，你最依赖的，你最期待的，有一天消失了。你很绝望，你不知所措，你的确什么都没有做错，依然得到这样的结果。

除了那些注定的改变，譬如不可避免的死亡。

也许，此刻非常确定的爱人，终有一天会失去。

也许，此刻非常确定的好友，终有一天会背弃。

也许，此刻非常确定的真理，终有一天会遗忘。

也许，此刻非常确定的事业，终有一天会垮塌。

也许，此刻非常确定的确定，终有一天会消失。

不变的是改变，哭过之后，终于懂了。

7. 许多事情一旦结束，便是结束，哪怕重新开始，也是另外一件事了。

下一次，下一次，下一次。世界上大部分的事情，是没有下一次的。细数过往，旅游的时候，想着下一次再来这里，一定要深度好好玩，没想到再也没有下一次；由于一个项目，和一群人结识，告别时恋恋不舍，约定下一次喝酒聚会，没想到再也没有下一次；读一本小说，草草翻阅完毕，觉得有必要下一次认真细读，没想到再也没有下一次。

假设仍然有下一次，也已经成为另一件事了，因为你已经是更新后的另一个你，这个世界也同时改变了，如同两列呼啸而过的火车，只能在擦身而过的时候，珍惜相遇的短暂时光，告别后是很难再次遇到的。譬如，旅游目的地会改变，人会老会死，书本会丢失。

更何况，你也不再是原来的你。

也只好趁着热情，趁着此刻，拼尽全力。

8. 活在世上，必须有一门吃饭的技术。

拥有赚钱吃饭的技术，大概这算得上是大学最为实用的意义。进入社会，很多东西都是用钱买的。世界上美好的东西确实是免费的，星空、大海、春夏秋冬，但是，厨房里的面包要用钱买，油盐酱醋要用钱买，上网流量要用钱买。

用身上的技能换来相应的报酬，这是一种认可。有的人很幸运，他所拥有的技能也是他热情的所在，于是，我们称之为梦想。当然，大部分人的情况是，用技能吃饱饭，剩下的钱支撑他们做另一件所喜欢的事，这更伟大，因为会很累，因为需要妥协的勇气。

梦想可以是一件“没用”的事情，快乐就好。

不过，我们发明了工作，也不是和梦想对着干。工作的存在，是为了让你使用在大学里学到的“有用”的东西，以最安全的方法帮助你实现自由，追逐梦想。

9. 对世界宽容，但是对爱情挑剔。

也许17岁的恋爱注定失败，注定遗憾，幸好在回忆里永远可爱，永远纯真。故事的开头千变万化，后来的结局大同小异。进入25岁，不再轻易牵手，越来越看清感情的模样，越来越明白想要的是什么，越来越挑剔，越来越无法将就。

长大以后，对世界多了一份包容，哪怕无法理解，哪怕因此受伤，笑一笑，与之共存。然而，相反的，对爱情少了仁慈，被感动又如何。遇不到那个人，孤单一辈子也值得。

于是，我们在朋友的温柔拥抱下，与错的恋人挥手告别。

恋爱不是游戏，不是某段人生体验，它是一张入场券，打开我内心那道隐蔽的门，欢迎你从此以后的入住。在荒凉无常的世间，在复杂危险的人群，我们十指紧握，互相取暖。

10. 所谓的自由，是有权利去做你认为对的事情；所谓的成功，是尽全力做了你认为对的事情。

有梦想的人是美丽的，专注做事的人是性感的。我们成为了越来越喜欢的自己，与此同时，相由心生，我们的模样也变得不一样了。独立思考，拥有一片自我的精神家园，从来不说“没办法”，从来不会去将就，有勇气有智慧地反抗，配得上真正的自由，有权利去做自己认为对的事情。

25 岁以后，懂得欣赏悲剧收尾的电影。

25 岁以后，学会微笑着回应残酷冷漠。

25 岁以后，不卑不亢地做失败小人物。

能走多远，是否有掌声，曾经信誓旦旦，曾经虚荣浮夸，都在 25 岁生日蜡烛熄灭的时候，一并埋葬。只要能放手去做喜欢的事，并且越做越好，那已经是幸福。

哪怕独自在电影院的黑暗中哭泣，独自在陌生城市的街道上行走，独自在午夜的静寂中书写日记，当孤单成为习惯，当跌倒成为常态，我知道我很美，曾经的美，是因为青春；后来的美，是因为如向日葵般的生命力；再后来的美，是因为我的故事。

图书在版编目(CIP)数据

文艺女王养成手册：我活着，以我自己的方式美丽着 / 嘉倩著．—武汉：武汉大学出版社，2016.1（2019.8重印）

ISBN 978-7-307-17302-6

Ⅰ．文… Ⅱ．嘉… Ⅲ．女性－修养－通俗读物 Ⅳ．B825-49

中国版本图书馆 CIP 数据核字 (2015) 第 281520 号

责任编辑：安斯娜　　责任校对：小　谨　　版式设计：楚稿工作室 QQ:1795262476

出版发行：**武汉大学出版社**　（430072　武昌　珞珈山）

（电子邮箱：cbs22@whu.edu.cn　网址：www.wdp.com.cn）

印刷：阳谷毕升印务有限公司

开本：880×1230　1/32 开　　印张：10　　字数：194 千字

版次：2016 年 1 月第 1 版　　2019 年 8 月第 2 次印刷

ISBN 978-7-307-17302-6　　定价：48.00 元